Daniel Gethmann | Florian Sprenger

Die Enden des Kabels

Daniel Gethmann | Florian Sprenger

Die Enden des Kabels

Kleine Mediengeschichte der Übertragung

Kulturverlag Kadmos Berlin

Diese Publikation wurde gefördert durch:
Technische Universität Graz

TU Graz
Graz University of Technology

Volkswagen-Stiftung im Rahmen des
Programms ›Niedersächsisches Vorab‹
sowie das Ministerium für Wissenschaft und Kultur
des Landes Niedersachsen

Bibliografische Information der Deutschen Nationalbibliothek

Die Deutsche Nationalbibliothek verzeichnet diese Publikation in der Deutschen Nationalbibliografie; detaillierte bibliografische Daten sind im Internet über <http://dnb.d-nb.de> abrufbar.

Internet: www.kv-kadmos.com
Umschlaggestaltung: kaleidogramm, Berlin
Gestaltung und Satz: kaleidogramm, Berlin
Druck: Finidr
ISBN (10-stellig) 3-86599-205-6
ISBN (13-stellig) 978-3-86599-205-5

Inhalt

Verbindung als Akteur

»Die Vernunft gleicht heute eher einem Kabelnetz als den platonischen Ideen.«

(Bruno Latour)

Kabel verbinden die Welt. Sie liegen verkreuzt, vernetzt und vielfach verzweigt überall, wohin Elektrizität, ob als Energie oder als Signal, geleitet werden soll. Im kleinen wie im großen Maßstab ist unsere Welt durchgängig verkabelt und in sich vernetzt. Keine Technik kommt ohne Kabel aus und jedes Medium verlässt sich auf sie. Sie stecken in jedem Gehäuse und liegen in jeder Wand. Überirdisch oder unterirdisch verlegt verbinden sie Siedlungen und Städte, Kontinente und Kolonien.

So allgegenwärtig sie in unserer mediengesättigten Umgebung auch sein mögen, so selten kommen Kabel selbst in den Blick und so dunkel ist ihre Geschichte. Das vorliegende kleine Buch möchte einige Anstöße dazu geben, über diese dünnen, zunächst blanken, dann in Papier oder Seide, später in Guttapercha und heute in Plastik gewickelten Kupferdrähte neu nachzudenken. Was so unscheinbar daherkommt, dass es häufig übersehen wird, gibt als Medium, das anderen Medien zugrunde liegt, bei genauerer Betrachtung Bezüge zu erkennen, die dazu beitragen können, unsere Zeit und ihre Räume besser zu verstehen.

Der Anlass unserer Überlegungen leitet sich von nichts weniger als der gegenwärtigen Lage medialer Weltdurchdringung her, in der jeder Ort, an dem sich ein mobil vernetzter Mensch befindet, mittels *Global Positioning Systems (GPS)* oder *Radio Frequency Identification (RFID)* zum Ausgangspunkt seiner weltweiten Ausdehnung wird, während *ubiquitous computing*, *smart* oder *bio technologies* und mobile Medien die Grenzen zwischen dem Nutzer und seiner Umgebung aufzuheben trachten und nicht nur Bilder oder Töne erzeugen, sondern sie in der näheren Zukunft auch direkt in den Kreislauf der Wahrnehmung einzuspeisen versprechen. Diese Entwicklungen vertiefen eine Krise der überlieferten Beschreibungssprachen für unsere medialen Umgebungen und ihre technischen, kulturellen wie philosophischen Herausforderungen. Tradierte Selbstbeschreibungen westlicher Kulturen müssen daher um eine Auseinandersetzung mit der zunehmenden ›technologischen Bedingung‹ unserer Gegenwart erweitert werden, die sich den vielfältigen technologischen Umbrüchen des frühen 21. Jahrhunderts stellt.[1]

Diese Lage macht auch die Neuperspektivierung medienwissenschaftlicher Ansätze durch eine kritische Reflexion ihrer Prämissen und Beschreibungsmodelle unumgänglich. Die Medienwissenschaft wie sie in den letzten Jahrzehnten im deutschsprachigen Raum institutionalisiert wurde, hat sich die Aufgabe gestellt, jenseits von Aktualitätszwang und Trendanalyse Schritt zu halten mit den Entwicklungen der Gegenwart. Doch dafür braucht sie die Einsicht in die geschichtliche Dimension ihrer Gegenstände, um mit der Analyse ihres Gewordenseins die Möglichkeit ihres Andersseins vorzuführen. Die Veränderungen in unseren medialen Umgebungen erfordern somit eine genealogische Untersuchung der materiellen und epistemischen Grundlagen dieses Wandels der Übertragungskultur. Zu diesem Zweck nehmen wir auf den folgenden Seiten das Kabel von seinen beiden Enden her in den Blick und stellen damit einige Ansatzpunkte zu einer kleinen Mediengeschichte der Übertragung als der zentralen technischen Aktivität der Gegenwart vor. Von den hochkomplexen Umgebungen ubiquitärer Netzwerke und sensorischer Interfaces geht es zurück zu einem einfachen Stück Kupferdraht in einem Garten und der Handelsflotte der *United Fruit Company*, die auf den Weltmeeren kommuniziert.

Ausgehen möchten wir von der Beobachtung, dass auch den neuen medialen Technologien Verteilungsstrukturen zugrunde liegen, deren materielle Basis letztlich von nichts anderem gebildet wird als von simplen Kabeln: Von Stücken aus Kupferdraht, die in Wänden liegen und Schalter mit Steckern verbinden oder Platinen verschalten; von Glasfaserkabeln, die Licht zum Informationsträger machen; von mit Plastik isolierten Stromkabeln, deren Endgeräte an Netzwerke angeschlossen werden können, welche Langstreckenkabel über oder unter der Erde sowie auf dem Meeresboden bereitstellen. Jenseits dessen, was mit den neuen und nächstneueren Medien in die Welt kommt, schlagen wir im vorliegenden Buch eine Reflexion des derzeitig voranschreitenden Wandels vor, die eine genealogische Perspektive auf die Geschichte des Kabels sowie eine Archäologie seiner raumgebenden Funktion einschließt. Beide hängen eng mit der Geschichte der Elektrizitätsphysik zusammen. Unsere Perspektive richtet sich insbesondere darauf, den voranschreitenden Wandel unserer Lebenswelt und ihrer Räume im Durchgang durch das Kabel buchstäblich von dessen beiden Enden her in den Blick zu nehmen: von einem ›Kabel-Werden‹ während der ersten Experimente zur elektrischen Übertragung um 1730 und von einem Ende des Kabels am Übergang in die funkbasierten Informationsnetzwerke der Gegenwart während der ersten Experimente zur drahtlosen interkontinentalen Telegraphie um 1900.

Die Anwendung, Ausbreitung und vielleicht auch die Auflösung des Kabels erzeugt bis in die Gegenwart jeweils eigene Konfigurationen medialer Übertragungsräume. Ihnen gilt unser besonderes

Interesse.[2] Stellen Kabel nur Verbindungen innerhalb dessen her, was Welt genannt wird, oder definieren sie durch ihre Verbindungen neu, was Welt genannt werden kann und wo man sich in ihr befindet? Wie verfügen sie vom Inneren eines Hauses her, das sie mit den Infrastrukturen der Verteilung verknüpfen, über ein Außen? Welchen Status haben die Verbindungsglieder für die Welt, die sich verbunden sehen will und dabei womöglich den Raum überspringt, der immer dazwischen liegt? Antworten auf diese Fragen vom Kabel her zu denken, hat zur Konsequenz, die vom Kabel hergestellte Verbindung nicht als bloße Schnittstelle zwischen Akteuren aufzufassen, die Menschen oder Techniken gleichermaßen sein können, sondern vielmehr nach der Handlungsmacht zu fragen, die von der Verbindung selbst eingeräumt wird und ihr Interventionspotential erzeugt.

Unser Blick richtet sich von der *Verbindung zwischen Akteuren* auf die *Verbindung als Akteur*. Diese spielt eine Produktivität aus, welche nicht in der Übertragung von Inhalten durch das Kabel aufgeht. Ihr kommt ein Status zu, der selbst in einschlägigen Debatten bislang wenig Berücksichtigung gefunden hat. Die Produktivität der Verbindung zu fokussieren, bedeutet damit zugleich, einen für die medienwissenschaftliche Herangehensweise typischen Blickwechsel zu vollziehen und ihn dort zu reflektieren, wo er gelegentlich ins Stocken gerät. Denn die medienwissenschaftliche Blickwendung, nicht länger nur mediale ›Inhalte‹ zu beschreiben, sondern auch die Weisen und Wege zu analysieren, auf denen Medien diese ›Inhalte‹ zu prägen vermögen, ist bislang noch nicht auf die unscheinbaren Medien ausgedehnt worden, die Medien selbst wiederum zugrunde liegen.[3] Das Kabel in einer solchen verdoppelten Blickwendung zu perspektivieren, richtet sich also nicht nur auf einen bislang vernachlässigten Gegenstand der Mediengeschichte, sondern erlaubt zugleich, den ›Einsatz‹ der Medienwissenschaft im Umgang mit ihren Gegenständen zu durchdenken.

Diesen Blick möchten wir im Folgenden auch auf die Räume des Kabels richten. Die Übertragung per Kabel steht in enger Wechselwirkung mit den zum Zeitpunkt ihrer Entwicklung oder Anwendung debattierten Konzepten von Raum und Zeit. Hinsichtlich ihrer Topographie sind Kabel selbst jedoch als ›ortlose Dinge‹ zu verstehen, nicht nur, weil eine Fixierung ihres ›Standpunkts‹ ergebnislos bleibt, sondern weil sie sich, abhängig von ihren Materialitäten und dem technischen Wissen ihrer Zeit, überall erstrecken können. Keine Geographie ist ihnen zu wild. Keine Wand setzt ihnen eine Grenze. Ihre Geschichte ist eine Geschichte der Ausdehnung und ihres jeweiligen Endes, das immer auch eine Adresse bereitstellt, an der sie sich womöglich verzweigen und ein Netz bilden. Kabel setzen einen eigenen Raum des Netzes in die Welt, in dem sie sich auf die Anschlüsse und Relais beziehen, die ihre jeweilige

Ausdehnung erlauben, aber nicht auf das, was sie durchqueren. Bruno Latour, dem diese Überlegungen zur Rolle der Relation und der Netzwerke folgen, hat an einer Stelle das Kabel explizit angesprochen:

> Bei den technischen Netzen haben wir also keinerlei Schwierigkeiten, ihren lokalen Aspekt mit ihrer globalen Dimension zu vereinbaren. Sie setzen sich aus partikularen Orten zusammen, die durch eine Reihe von Anschlüssen miteinander verbunden sind, welche andere Orte durchqueren und ihrerseits neue Anschlüsse erfordern, wenn die Netze sich weiter ausdehnen sollen. Zwischen den Linien des Netzes gibt es strenggenommen nichts, weder Eisenbahn noch Telefon, weder Wasserversorgung noch Fernsehen. Die technischen Netze sind, wie schon ihr Name sagt, Netze, die über Räume geworfen sind und nur einige wenige Elemente von diesen belegen. Es sind verknüpfte Linien und keine Oberflächen. Sie haben nichts Totales, nichts Globales, nichts Systematisches, auch wenn sie Oberflächen umschließen – aber nicht bedecken – und in die Ferne führen.[4]

Kabel zerschneiden, so möchten wir zeigen, geographische und architektonische Räume, sind dabei aber lokalisierbar und begrenzt. Sie überziehen die Geographie und die Architektur mit ihren eigenen Relationen, indem sie Orte als Anfänge und Enden des Kabels neu definieren.

Die Geschichte des Kabels kann heute, wo mobile Medien die gänzliche Ablösung von am Boden verankerten, statischen und allzu materiellen Grundlagen versprechen, dabei helfen, diese Versprechungen medienhistorisch zu erden. Kabel liegen auch in Zeiten der Drahtlosigkeit überall. Sie verteilen Energie und Signale, ob in Form von Spannungen, Impulsen oder Frequenzen. Kabel können unterschiedlichste Gestalt annehmen und sich Geographien, Topographien und Räumen jeglicher Art anpassen. Die Geschichte des Kabels, in deren Ausgang eine neue Ubiquität seiner Funktionen steht, lässt sich in einer ersten Annäherung grob in drei Phasen unterteilen.[5]

In der *ersten Phase* der Geschichte des Kabels gerät die Elektrizität Anfang des 18. Jahrhunderts, als noch kaum etwas über sie bekannt ist, in einen isolierten Draht und macht ihn zum Kabel, zum Medium, das nichts anderes überträgt als eine Wirkung. Die Erkenntnis, dass bestimmte Materialien die Kraft zur Anziehung über lange Distanzen transportieren können, wenn sie isoliert sind, markiert eine wichtige Verschiebung in der Erforschung der Elektrizität. Sie ist nicht nur ein natürliches Phänomen, das nach Reibung bestimmter Gegenstände auftritt, sondern sie kann übertragen werden. Es gibt noch keine Vernetzung, keine Relais, keinen übertragenen Inhalt, sondern nur eine materielle Verbindung von A nach B. A und B sind durch ein Stück Metall verbunden, das einen Effekt der Elektrizität vom einen zum anderen Ende leitet und dabei einen Raum der Übertragung einräumt. Durch die Elektrizität und die für ihre Übertragung notwendige Isolation wird der Draht zum Kabel, das vorsichtig verlegt werden muss und einer besonderen Behandlung bedarf. In diesem ›Medien-Werden‹ wird zunächst nichts als die Übertragbarkeit selbst übertragen.[6] Das ›Kommunikations‹-Geschehen besteht (gemäß der zeitgenössischen Verwendung dieses Begriffs in der Physik) nicht im Austausch von Nachrichten, sondern im Übertragen von Wirkungen, die in kürzester Zeit oder vielleicht gleichzeitig vom einen zum anderen Ort gelangen und dabei einen Raum der Übertragung öffnen, der im zweiten Kapitel genauer untersucht wird.

In der *zweiten Phase* der technischen Entwicklung wird das Kabel gut 100 Jahre später als Überträger von Information und Energie relevant. In der Zwischenzeit hatte sich das physikalische Wissen um die Elektrizität ausdifferenziert und institutionalisiert. Im Unterschied zur ersten Phase können nun – neben einer gewandelten Physik der Elektrizität – neu erfundene Relais als Zwischenschaltungen eingesetzt werden, so dass Kabel aus mehreren Teilen bestehen können und damit auch große Distanzen zu überwinden in der Lage sind. Das Relais potenziert die Medienfunktion des Kabels, denn es ist nicht länger nur eine Verbindung zweier Orte, sondern als Verbindung eines Ortes, das heißt eines Sende- oder Empfangsgeräts mit einem Relais, an verschiedene Orte und Netze anschaltbar.[7] Das Relais besetzt die Verkreuzung jeder Vernetzung. Mit der elektromagnetischen Telegraphie, deren Ausbreitung auf diesem Prinzip aufbaut, werden in großangelegtem Stil Kabel verlegt, die Städte, Länder, Kontinente verbinden und daraufhin mit Gemeinschaftsimaginationen einer weltweiten Einheit aufgeladen werden. Das Kabel liefert der Welt eine Idee ihrer eigenen Verbundenheit. In technischer Hinsicht wird die Herstellung industrialisiert und durch die Einführung von Guttapercha als Isoliermaterial vorangetrieben. Das Kabel bekommt ökonomische und politische Funktionen und verschaltet die Welt, indem es mit einem Naturmaterial aus den europäischen Kolonien überhaupt erst bis zu diesen zu verlegen ist. Die globale Telekommunikation wird zur Grundlage einer Ausweitung westlicher Kulturen im gleichen Maßstab, während die Produktion und Verlegung von Kabeln die Erzeugung von kommunikativen Infrastrukturen zum Investitionsgeschäft macht und wirtschaftlich ganze Imperien absichert.[8] 1848 sprechen Marx und Engels im *Kommunistischen Manifest* besonders prägnant von den »unendlich erleichterten Kommunikationen« des »allseitigen Verkehrs«,[9] mit denen die Märkte an die Handelszentren angebunden werden können. Sie betonen die soziale Verflochtenheit von Medientechniken innerhalb gesellschaftlicher Formationen, sprich in Händen der herrschenden Klassen. Durch die »Zusammendrängung von Zeit und Raum durch Kommunikations- und Transportmittel«[10] werde die ökonomische Verfügbarkeit potenziert. Kommunikative Fernwirkung wird zum operativen Geschäft und Kabel bilden dessen materielle Grundlage.

In der bisherigen kulturwissenschaftlichen und technikhistorischen Erforschung der politischen und kulturellen Dimension dieser Prozesse wurde die Materialität der neuen Kommunikationsinfrastrukturen selten mit den neuen räumlichen Strukturen in Verbindung gebracht.[11] In der netzwerklosen Übertragung der ersten Kabelexperimente sind die beiden Enden des Kabels die Enden eines Raumes, der nicht zwangsläufig mit dem geographischen übereinstimmen muss. Die Länge und Lage, die Biegsamkeit und Empfindlichkeit, die Aufhängung und Isolation eröffnen einen Raum, der zwei entfernte Orte zu einem Ort verbindet und diesen Raum mit der Mitte des 19. Jahrhunderts entstehenden elektromagnetischen Telegraphie in die Topographie hineinlegt. Auf dieser Oberfläche bildet das Kabel eine Verbindung zweier Lokalitäten, die eindeutig adressiert sind, insofern die Materialität des Kabels selbst die Adresse produziert. Sein Ende ist auch das Ende der elektrischen Übertragung. Die Netzstruktur der telegraphischen Kommunikation und später die Energieversorgung bauen auf diesem Übertragungsraum auf, doch die Möglichkeiten der Adressierung ändern sich mit neuen Übertragungsmöglichkeiten beständig. Denn weil verschiedene Übertragungsräume durch Knoten miteinander verbunden werden, stehen jedem Kabelanfang zusätzlich zum materiellen Ende dieses einen Kabels zahlreiche andere Enden zur Verfügung.

Die Vernetzung des Kabels erzeugt einen neuen ›Adressierungsraum‹. Darunter verstehen wir jenen Raum, der von einem Ort aus medial per Kabel erreichbare, aber entfernte Orte versammelt. Darin unterscheidet sich das Kabel noch nicht von der Post. Zwei Neuerungen bringt es jedoch in die Welt: erstens ist die Zeit, die während der Übertragung zwischen den beiden Orten vergeht, äußerst kurz – und um ihre Dauer werden sich bedeutende physikalische Debatten entspinnen. Zweitens legt das Kabel eine materielle Verbindung zwischen sie. Es erschließt nicht einfach nur dadurch den Raum, dass es verlegt wird, sondern verbindet Punkte im Raum. Ein Kabel ist nie nur hier, sondern immer auch anderswo. Weil es verbindet, adressiert das Kabel. Die Geschichte des Kabels ist fortan mit einer Geschichte der Adressierung verbunden, denn ein Kabel hat ein Ende, das anderswo ist. Diese Adressierung qua Materialität ist aber nicht an die Quelle der Elektrizität gekoppelt, die an beliebiger Stelle des Kabels angebracht sein kann, womit die beiden Enden (oder später die vielen Enden) des Kabels zu adressierten Orten werden. Es gibt so viele Adressen, wie es Enden des Kabels gibt, die Sender und Empfänger als räumlich durch das Kabel und den geographischen Raum getrennte Kommunikationsteilnehmer definieren.

Kabel werden nicht einfach in bestehende Räume integriert, sondern erzeugen, so kann man festhalten,

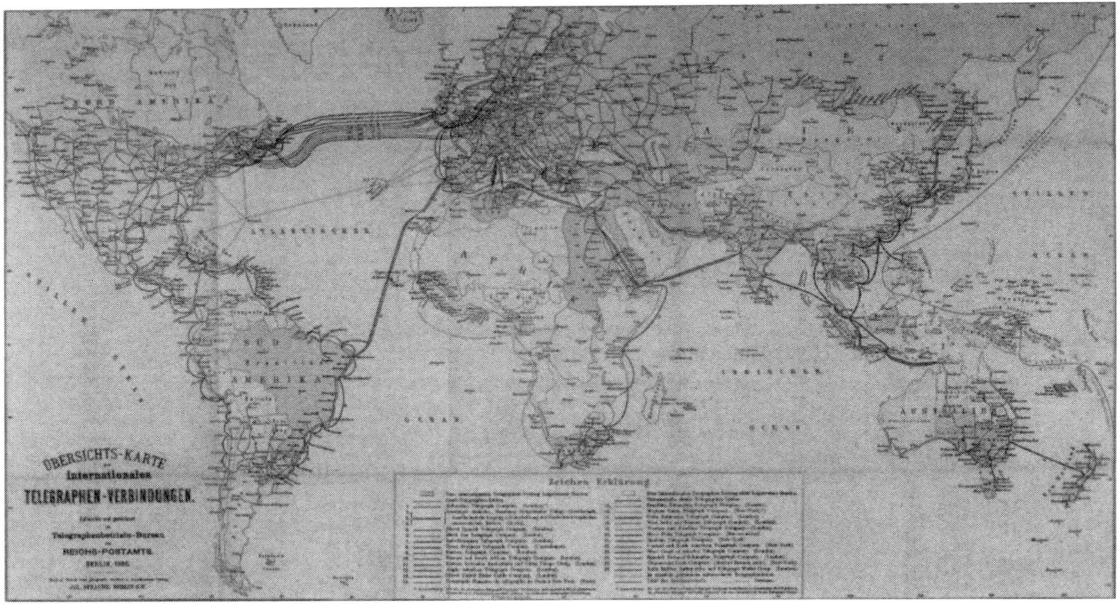

Übersichtskarte der internationalen Telegraphen-Verbindungen, Berln 1886, aus: Wolfgang Lotz: Deutsche Postgeschichte. Essays und Bilder. Berlin 1989.

ein neues Raumgefüge, indem sie das Verhältnis von Nah und Fern modifizieren und eine komplexe Topologie erzeugen. Ihre Elemente stellen Punkte, Linien und Netze dar.[12] Diese Veränderung der Topographie des Adressierungsraums hat Auswirkungen auf das, was in den beteiligten Diskursen als Raum bestimmt werden kann. Kabel sind daher neben ihrer historischen Verankerung in Globalisierungsprozessen oder dem Wissen der Physik auch in Aushandlungen dessen involviert, was Übertragung und Kommunikation sein können. Ohne eine Betrachtung dieses Hintergrunds wird eine Untersuchung der räumlichen Operationen von Kabeln nicht auskommen.

Historisch ist die Herstellung von internationalen Kabelverbindungen von besonderer Bedeutung. Spätestens mit dem Transatlantikkabel von 1858 wird die Funktion des Zusammenschlusses der Welt durch Kabel virulent. Das Konzept der Globalisierung ist ohne Kabel und ohne die telegraphische Überwindung des Ozeans undenkbar. Auch dessen spätere Ersetzung durch kabellose Technologien steht hierzu nicht im Widerspruch, sondern führt eher eine neue Ebene der Verteilung und Adressierung ein. Das Kabel ist die Voraussetzung dafür, dass weit entfernte Orte verschaltet werden können und deren Raumgefüge eine neue Weltordnung mit sich bringt, die nicht mehr vorrangig geographischen Grenzen gehorcht. Die Neuordnung des Raums, die häufig mit dem 19. Jahrhundert assoziiert wird, hat im Kabel einen ihrer wichtigsten Agenten der Distribution. Mit dem Kabelnetz, das Ende des 19. Jahrhunderts eine weltweite Umspannung erreicht, wird dieser Prozess der Homogenisierung des Raums, der Erfassung zuvor nicht angeschlossener Orte und der gleichzeitigen Transformation von Raumverhältnissen intensiviert. Entscheidend für die Verteilung von Information ist nicht länger die Entfernung zwischen zwei Orten oder ihre Abgeschiedenheit, sondern die Verkabelung. Ihre technische Voraussetzung, mithin Charakteristikum der zweiten Phase, ist der massenhafte Einsatz von Relais und Schaltstellen, von Orten der Verteilung und Vervielfältigung, der Kreuzung von Standards und der Verschaltung von Strömen.

Kurze Kabel, wie sie sich heute in jedem Haushalt in Kilometerlänge finden, spielen bis zur Elektrifizierung von Gebäuden um 1880 nur in physikalischen Laboren als Blitzableiter, als Telefonkabel oder als kleinteilige Verbindungsstücke in Telegraphengeräten eine Rolle. Mit dem elektrischen Licht wird die Stromverteilung an alle Haushalte und innerhalb jedes Gebäudes notwendig, was die Herausbildung einer domestizierten Infrastruktur der Verteilung nach sich zieht, in deren Folge Kabel ins Haus einwandern und zu Elementen der Architektur werden. Den großen Makrostrukturen urbaner Netze steht die mikrostrukturelle Ausgestaltung innerhalb von Gebäuden gegenüber, die beide gleichermaßen von Kabeln getragen werden. An dieses Netz schließen zahlreiche technische Endgeräte an. Der Raum ist damit idealerweise im planetarischen wie im häuslichen Maßstab von Kabelnetzwerken so durchzogen und organisiert, dass Kommunikation nahezu überall und unabhängig von räumlicher Distanz geschieht und Energie scheinbar beliebig bereitsteht. Die Einwanderung von Kabeln ins Haus, in die Architektur und in technische Alltagsgegenstände, die an anderer Stelle im Detail erzählt werden soll, hängt an den Kabeln, die Elektrizität ins Haus bringen. Der vernetzte Adressierungsraum ist die ganze Welt, die von einem Ort aus überall dort adressierbar ist, wo ein Kabel endet, ein Telegraphist Nachrichten aufzeichnet und versendet oder ein Stromschalter betätigt wird.

In der *dritten Phase* der Verkabelung wird dieser Raum, der Orte verbindet, um den Möglichkeitsraum beliebiger Adressierung in drahtlosen Netzen erweitert. Nunmehr kann sich Übertragung tatsächlich *an alle* wenden. Vernetzung und später die drahtlose Telegraphie sorgen für eine allgemeine Verfügbarkeit und Adressierbarkeit, jedenfalls dort, wo Endgeräte vorhanden sind. Diese beruht auf einer Physik elektromagnetischer Felder und Wellen, wie sie von Heinrich Hertz experimentell erforscht wurden. Indem sie das Kabel hinter sich lässt, entkoppelt sie auch dessen Adressierungsraum von konkreten Orten, die in einem scheinbar ausdehnungslosen, umfassenden und multidimensionalen Medienraum der Übertragung aufgehen.

An diesem Ende liegt der epistemologische Unterschied zur ersten und zweiten Phase des Kabels somit in der Integration von drahtlosen Verbindungen, durch die sich die Autonomie der Netze globalisiert. Das Ende des Kabels betrifft nun alle, selbst die, die bislang keinen Zugang zu Telegraphenstationen hatten. Die kabellose Kommunikation ist in dieser Hinsicht keineswegs komplementär zum Kabel, sondern die sozialen und gesellschaftlichen Konsequenzen des Prinzips ›wireless‹ entwickeln sich trotz der grundlegenden technologischen Differenzen aus der Netzlogik des Kabels, wie im dritten Kapitel gezeigt wird. Ermöglicht das Kabel in den Anfängen der Elektrizitätsforschung bereits die vermeintlich gleichzeitige Verbindung zweier entfernter Orte, wird die Welt nun mit einem Netz elektrischer Verteilung überzogen, das spätestens mit der Satellitenkommunikation zu dem führt, was Marshall McLuhan das ›global village‹ genannt hat. Die mit solchen Gemeinschaftsideen verbundenen Imaginationen täuschen jedoch leicht darüber hinweg, dass die wesentliche Konsequenz kabelloser Technologien in komplexen Formen elektronischer Distributionen besteht, die kleinräumige Koordinaten des Sozialen nicht bloß globalisieren, sondern vielmehr radikal rekonfigurieren. An beiden historischen Enden des Kabels finden sich somit nicht nur räumliche und politische Effekte seiner Materialität, sondern vielmehr werden diese am einen Ende des

Kabels während seiner erstmaligen Verlegungen überhaupt erst erzeugt, um am anderen Ende eine Verteilungsstruktur vorzugeben, deren Materialität ihren Träger nicht mehr wirklich benötigt.

Das Kabel leitet durch diese Phasen hindurch eine beständige Neudefinition dessen an, was fern und damit irrelevant für das Hier ist. Es generiert einen Raum und seine Topologie, indem es das Territorium seiner Reichweite absteckt. Die Orte etwa, die das erste kommerzielle, von Samuel Morse errichtete Telegraphenkabel 1844 verbindet, Washington und Baltimore, treten dadurch in ein neues Verhältnis. Zwischen ihnen werden Nachrichten ausgetauscht, die in dem Moment bereits in der anderen Stadt zu sein scheinen, in dem sie abgesendet werden.[13] Ein Zeitschriftenartikel über eine Konferenzschaltung von Mitarbeitern einer Telegraphenfirma beschreibt im Jahre 1857 diese ›Telepräsenz‹ der Anwesenheit, die es den Telegraphisten erlaubt, dort zu ›sein‹, wo sie nicht sind. Der Ort ihrer jeweiligen Anwesenheit wird dabei zum Nicht-Ort, der von allen Kabeln aus erreichbar in einem gemeinsamen Konferenzraum aufgeht, dessen Ausdehnung von den Enden der Kabelverbindungen vorgegeben wird:

> Wir veröffentlichten den folgenden neuartigen und interessanten Bericht eines Treffens der Angestellten der *American Telegraph Company* an – welchem Ort? Das ist die Frage – an keinem Ort, oder an allen Orten mit Telegraphenbüros, innerhalb eines Umkreises von 700

> Meilen. Ein großer Raum – 700 Meilen im Durchmesser – für die Versammlung eines Treffens ... Die Mitglieder gemeinsam im Geiste – in Kommunikation, und doch im Körper 700 Meilen voneinander entfernt![14]

Die Einführung der elektrischen Telegraphie erscheint den Protagonisten demnach als kontinuierliche Fortsetzung der Entkräftung aller Hindernisse, Abwesenheiten und Beschränkungen der Kommunikation. In zahlreichen zeitgenössischen, aber auch in aktuellen Texten, die davon handeln, dass Kommunikationsmedien Ferne aufheben und Nähe erzeugen, wird die elektrische Übertragung zum Treibstoff eines globalgeschichtlichen Prozesses der Beschleunigung.[15] So lautet zwar eine beliebte Formel für die Weltgesellschaft, dass sie erst durch die Verschaltung der Kommunikationsmedien entstanden sei, die es erlaubten, Botschaften ohne wahrnehmbaren Zeitverlust überall auf der Erde zu verschicken. Doch dass dafür Kabel verlegt sein müssen, dass es nicht einfach nur Telegraphie, Telefon, Radio und Fernsehen geben muss, sondern Drähte und Satelliten, bleibt bei aller Betonung der Weltgesellschaft häufig außen vor.[16]

Kabel in ihrer Materialität zu übersehen und sie in Prozessen der Beschleunigung aufgehen zu lassen, verdeckt die realen Raumverhältnisse, Unterbrechungsräume und Unterbrechungszeiten, die elektrische Medien erzeugen und verdunkelt zudem ihre Rekonfiguration des Sozialen. Doch ist es wichtig, den Einsatz des Kabels im Imaginären seiner Zeit im Hinterkopf zu behalten. So verbindet sich mit dem telegraphischen Kabel bereits in den Diskursen seiner Etablierung die Hoffnung, dass es die Entfernungen auf dem Erdball aufheben und die Menschen, Länder und Kontinente einander näherbringen werde. Dadurch fungiert die Telegraphie – wie im folgenden Zitat des Telegraphenentwicklers Carl August von Steinheil – auch als Projektionsfläche von neuen Gemeinschaftsideen und ihren Selbstbildern: »Mittheilung ist das gewaltsamste Band der lebendigen Schöpfung, es knüpft Ein individuelles Leben an das Andere, reproduzirt in Einem, was Allen gegeben, und bildet so aus den Einzelwesen Gattungen, die wieder als organische Wesen hervortreten.«[17] Als ein »vital cord«,[18] als ›lebende Verbindung‹, schafft die »Kabelseele«, wie die innere Belegung eines Kabels von Ingenieuren genannt wird, solchen Überlegungen gemäß einen ebenso beseelten wie globalen Verhältnisraum. Deutlich wird die zentrale Bedeutung des Kabels für diese Imaginationen etwa an der Abbildung einer an Shakespeares Puck alias Robin Goodfellow angelehnten Figur, welche die beiden Enden eines um den Erdball gelegten Kabels in den Händen hält: zieht sie am einen Ende, bewegt sich das andere. Sie ist Sender und Empfänger zugleich und vernetzt dabei weniger die einzelnen Orte untereinander, sondern formt eine Verbindung, die dort endet, wo sie begann – ganz im Sinne des

Satzes aus Shakespeares *Mittsommernachtstraum*: ›I'll put a girdle round about the earth in forty minutes.‹ Die Abbildung stammt aus Alexander Jones *Historical Sketch of the Electric Telegraph*, der im Jahre 1852 noch vor der ersten Verlegung eines Transatlantikkabels erscheint, die Weltumleitung aber bereits erwartet.

Anstatt Kabel nur als konstitutives Element dieser Diskurse zu rehabilitieren, richtet sich unsere Perspektive nicht zuletzt darauf, ihre Geschichte hinsichtlich ihrer Relevanz für eine Medientheorie der Übertragung deutlicher herauszustellen und davon ausgehend die Materialität des Kabels in ihrer Produktivität zu durchdenken. Das hat weniger den Grund, dass in der Materialität eine verborgene Kraft schlummern würde, sondern dass sie die notwendige Bedingung der kommunikativen Neuverteilung von Handlungsmacht darstellt und darin selbst produktiv wird. Die Entfaltung von erweiterten kommunikativen Handlungsmöglichkeiten ist von der Materialität dieser Kommunikation und damit von ihren technischen Medien nicht zu trennen, doch dass dieser Aspekt gerade beim Kabel bislang außer Acht gelassen wurde, hat tiefere Gründe. Technische Medien verbergen die grundlegende Differenz zwischen der Übertragung von Signalen und den Zeichenoberflächen, also die technischen Operationen der medialen Realität hinter den Erscheinungen ihrer Oberflächen. Medien werden, so eine allgemein

Abbildung aus: Alexander Jones: Historical Sketch of the Electric Telegraph. New York 1852. Deckblatt.

geteilte These, in ihrem Vollzug unsichtbar. In der Absicht, diese mediale Unsichtbarkeit zu hintergehen, richtet sich die hier vollzogene medienwissenschaftliche Perspektive daher auf durchaus sichtbare materielle Gegenstände, die anderen Medien zugrunde liegen und gewöhnlich als das verborgen sind, was ihre Operationen erst ermöglicht.[19]

Für dieses Vorhaben ist es – ausgehend vom Kabel – notwendig, zunächst einige methodische Grundannahmen zu formulieren, die unsere weiteren Überlegungen leiten. Wenn in der Entwicklung des

Kabels Sender und Empfänger in einem Netzwerk ihre Adressen erst in der Übertragung zugesprochen bekommen, wenn also Adressierungen Resultate technischer Medien sind, welche die Möglichkeitsräume einer allgemeinen Adressierbarkeit füllen, so wäre anhand konkreter historischer Situationen zu zeigen, wie jedes Kabel, indem es ein Ende hat, eine Adresse erzeugt und diese Adresse in Netzwerke übergeht. Denn das Kabel ist nicht einfach nur das Dritte, das Dazwischen, welches die Übertragung erlaubt. Das Kabel verdreifacht vielmehr die Übertragungsinstanzen: vom Sender auf das Kabel am Anfang, durch das Kabel in der Mitte, und von diesem auf einen Empfänger am Ende. Die nahezu beliebige Erweiterbarkeit der Mitte lässt mit dem Kabel einen neuen Status der Vermittlung erahnen: eine Übertragung über sämtliche Distanzen in kürzester, aber noch messbarer Zeit.

Mit dieser Medien-Funktion als ein Operator des Wissens im doppelten Sinne überall einsetzbar fungieren Kabel einerseits als Verteiler und Übertragungsmedium, andererseits produzieren sie selbst Wissen über die Räume, in denen sie verlegt sind.[20] Die Orte, die sie verbinden, geraten durch diese Verbindung in ein neues Verhältnis, das der tradierten räumlichen Ordnung nicht länger entsprechen muss, weil die Zeit zur Überwindung des Raums neu definiert wird. Denn Kabel dienen in einer wissenschaftshistorisch entscheidenden Dopplung nicht allein der Übertragung, sondern immer auch zur Messung des Vorgangs der Übertragung. Kabel sind also Gegenstände, an denen kommunikatives Handeln immer auch impliziert, Daten über den Kanal der Kommunikation zu erheben.

Diese zirkulierende Funktionalität des Kabels erfordert eine differenzierte Verortung ihrer jeweiligen Entstehungskontexte. Wenn der Begriff ›Medium‹ historisch dort einen Entstehungsherd hat, wo Konstellationen beschrieben werden, in denen ferne Dinge miteinander in Wechselwirkung stehen, und das noch vor allen elektrischen Medien, die das Medium dazwischen in Anwendungen aufspalten, welche sich an der Ordnung menschlicher Sinne orientieren, dann ist insbesondere die Erforschung der Elektrizität als eine Erforschung des Kabels als Medium bedenkenswert. Denn in medienwissenschaftlicher Hinsicht lässt das Kabel die phatische Dimension des Verhältnisses von Sender und Empfänger hervortreten: dass zwischen ihnen vor jeder Botschaft ein Kanal liegt, im Fall technischer Medien ein Kabel. Dieses Kabel hat allein durch seine Materialität Auswirkungen auf das, was durch es hindurch übertragen werden kann: Es organisiert Raum und Zeit, weil Sender und Empfänger räumlich und zeitlich getrennt sind und es selbst eine Ausdehnung besitzt. Seine Störungen machen es in verstärktem Maße zum Forschungsgegenstand, und es wird zum Generator von Wissen über seine Potentiale von Verzögerung, Übertragung und Ladung.[21] Es schafft eine Relation zwischen ihnen und bringt die Adressierbarkeit von Sender und Empfänger hervor, vielleicht gar ihre Identität, wenigstens aber ihre Ansprechbarkeit, indem sie Adressen tragen. Ein Kabel hat Anfang und Ende und damit per se ein Ziel.[22] Eine Adressierung ist also schon aus materiellen Gründen vorgenommen. Sie formiert Sender und Empfänger als Funktionen des Kabels. Eine Übertragung hat zwangsläufig einen Ort, an dem sie ankommt, und dieser Ort befindet sich, Unterbrechungen ausgenommen, am Ende eines Kabels. Das elektrische Kabel verbindet nicht mit Abwesenden, sondern distribuiert eine prekäre Form von Anwesenheit über sein Netz. Es setzt, so lautet die entsprechende Grundannahme, eine Differenz, die in der Übertragung diskursiv getilgt werden kann, damit etwas übertragen werden kann.[23]

Der prekäre Status des Kabels besteht also darin, dass es als Verbindung von Getrenntem vorhanden sein muss, aber durch die Verbindung selbst unsichtbar oder zumindest verdeckt wird. Das Kabel in den Blick zu nehmen, bedeutet somit nicht lediglich, das Bedingungsgefüge einer Materialität zu untersuchen, welche es erlaubt, manches zu übertragen, manches hingegen nicht und die dafür Raum und Zeit in Anspruch nimmt. Es bedeutet vor allem, die Differenz zu bedenken, die das Kabel zugleich voraussetzt und tilgt. All dies macht es erforderlich, die angesprochene Blickwendung zu vollziehen, die von der Botschaft auf den Kanal wechselt und die Auswirkungen des Kanals in seiner Materialität auf die Übertragung anvisiert. Diese Blickwendung fasst Medien nicht in ihrer Bedingungsstruktur, sondern im Sinne einer historischen Epistemologie, die berücksichtigt, wie Medien überhaupt beobachtbar werden.[24]

Mit dem Blick auf das Kabel als einem Medium der Medien und schon an den ersten Kabeln von 1729 wird deutlich, dass die räumliche oder zeitliche Differenz, die jede Übertragung voraussetzt, selbst einem Medium integriert ist: Kabel brauchen die Differenz zwischen zwei verbundenen Elementen, um Medium zu sein und dazwischen zu vermitteln. Denn Kabel sind wiederum Funktionsträger von Endgeräten, die an ihnen hängen. Die Medialität des Kabels ermöglicht sowohl, (Übertragungs-)Medien selbst vom Kabel her zu bestimmen, das sie verbindet, wie auch den Begriff der Übertragung in einem allgemeineren Sinne von der Unterbrechung herzuleiten, die Übertragung jeder Kommunikation einfügt und die durch die telegraphische Kabelübertragung nicht einfach erweitert wird, sondern vielmehr einen eigenen Unterbrechungsraum und eine Unterbrechungszeit erzeugt – eben Raum und Zeit technischer Medien. Denn zwischen den beiden Enden des Kabels liegt in der Übertragung immer und notwendig eine zeitliche und räumliche Distanz. Um etwas von A nach B zu übertragen, braucht man Zeit. An dieser Zeit arbeitet sich die Wissensgeschichte des Kabels ab. Im Raum und in der Zeit technischer Medien ist Unterbrechung das, was Entfernung ebenso ermöglicht wie Nähe. Medien vom Kabel her zu beschreiben, das sie zusammenhält, bedeutet die Beschreibung einer Verbundenheit ohne Vereinigung im Sinne einer Relation ohne Einheit der Differenz.[25] Den Abstand zwischen A und B füllt das Kabel. Denn die mediale Verbindung, so wird am Kabel offensichtlich, ist nicht ohne Trennung zu haben. Vereinzelung und Vereinigung treten zusammen und sind als historische Medienpraktiken in ein Geflecht von Wissensökonomien, Kulturtechniken und Materialitäten eingebunden.

Mit diesen theoretischen Überlegungen ist eine methodische Verschiebung verbunden: Die Übertragung von der Differenz her zu denken, macht Ernst mit dem medienwissenschaftlichen Ansatz, nicht lediglich die Inhalte zu fokussieren, die nur ohne Differenz gedacht werden können, weil sie am Ende und am Anfang stehen. Stattdessen lässt sich das Mediale mit dem Kabel als Vermittlung der Differenz bestimmen und somit als performatives Element der Aushandlung von Adressierung, Übertragung und Bedeutung. Konstitutiv für die Übertragung wären demnach die Unterschiede, Aufschübe und Distanzen und weniger ihre Überwindung. In diesem Sinne technische Medien von ihren Kabeln her statt als Boten oder Informationsträger zu beschreiben, bedeutet, eben die Oszillationen der Differenz und die Verteilung von Raum und Zeit in konkreten historischen Kontexten zu untersuchen. Die Oszillationen der Differenz als Ausgangspunkt der Überlegungen zur Übertragung zu nehmen, ermöglicht unserer Studie damit, einen medialen Übertragungsbegriff jenseits anthropozentrischer Medientheorien zu entwickeln, die Medien seit dem 19. Jahrhundert als reine Mittler und damit als »Instanzen eines Fremdbestimmtseins«[26] auffassen.

Solche Oszillationen der Differenz werden in den folgenden Kapiteln anhand von zwei historischen Konstellationen untersucht – gewissermaßen an beiden Enden des Kabels. Am einen Ende wird ein Draht durch Isolation zum elektrischen Kabel, womit die Herstellung einer Verbindung zwischen zwei Orten durch die Materialität des Kabels einen Raum und eine Zeit der Übertragung hervorbringt. Die ersten Kabelverlegungen durch Stephen Gray zeigen, wie sich dieser Raum vom konkreten geographischen Raum oder der konkreten physikalischen Zeit unterscheidet. Liegt dieses eine Ende der Kabelgeschichte in einem Garten in England, den es durch ein langgezogenes Stück Kupfer trennt und verbindet, so besteht am anderen Ende die Möglichkeit, von jedem Ort aus jeden anderen Ort erreichen zu können. Der Übergang von kabelgebundener Kommunikation zur Drahtlosigkeit öffnet einen globalen Medienraum der Übertragung, in dem nicht länger Orte am Ende eines Kabels adressiert werden, sondern die Adressierung ihren konkreten Ort während jeder Übertragung immer wieder neu erzeugt. Der Raum der Übertragung hat sich somit im Verlauf der Kabelentwicklung grundlegend gewandelt: Adressierbarkeit ist zu einer Eigenschaft von Relationen im Raum geworden, an deren Relata ein Empfangsgerät steht, das sie verbindet. Dieses Ende des Kabels bedeutet aber keineswegs das Ende der Übertragung, die es ermöglicht, noch sein Verschwinden, denn ohne Kabel läuft auch in Zeiten der mobilen Kommunikation kaum etwas. Es besteht vielmehr darin, dass das Kabel gleichsam in den Raum übergeht, den es einst selbst erzeugt hat, indem es im Zuge der weiteren Vervollkommnung seines ursprünglichen Übertragungskonzepts schließlich auch selbst ersetzt wird. An diesem Ende des Kabels findet wie am anderen wiederum eine grundlegende Transformation seiner Materialität statt: Medien der Übertragung enden künftig überall, ubiquitär, mobil und smart.

Eine Kultur- und Technikgeschichte des Kabels als Geschichte der Übertragung und der Differenz, die immer auch eine Geschichte der Elektrizität ist, lässt sich schließlich mit drei Eckpunkten umreißen: die Raum- und Welterschließung durch Verbindung und Trennung, die Adressierungsfunktion sowie die neue Distribuierung von An- und Abwesenheit. Das Kabel erlaubt insofern, den Begriff der Übertragung vielschichtiger zu fassen und seine medien- und wissenschaftsgeschichtlichen Aspekte ebenso zu integrieren wie eine historische Epistemologie. In dieser Hinsicht gestattet das Kabel eine Komplexitätssteigerung des Übertragungsbegriffs, wohingegen das ›Vergessen‹ des Kabels als Symptom einer Art von Medienwissenschaft erscheint, die gelegentlich dazu tendiert, bei aller Aufmerksamkeit für Sende- und Empfangsmedien als Einzelgeräte die Medien dieser Medien zu vernachlässigen. Der Blickwechsel, den die medienwissenschaftliche Kommunikationstheorie mit ihrer Perspektive auf die Materialität der Kommunikation vollzogen hat und der auch hier die Grundlage unserer Überlegungen bildet, muss zuallererst auch für sie selbst gelten und auf ihre eigenen Fragestellungen angewendet werden. Dabei geht es darum, den Einfluss der Übertragung und ihrer Medien auf das Übertragene zu bedenken, ohne freilich zu behaupten, der Inhalt sei inexistent. Das Projekt der Medienwissenschaft bestand und besteht darin, Vermittlungs- und Symbolisierungspraktiken auch dort zu beschreiben, wo sie keine Rolle zu spielen scheinen, unsichtbar sind oder gar negiert werden, also die Übertragung oder Vermittlung selbst zum Gegenstand zu machen. Dass Medien nicht das sind, was sie übertragen, sondern das, was überträgt und dabei das Übertragene beeinflusst, ist unstrittig. Doch ihre Produktivität, die in der Adressierung, der Trennung oder dem Spiel von An- und Abwesenheit liegt, kann mit der Aktualisierung der medienwissenschaftlichen Blickwendung auf eine für die Gegenwart bedeutende Weise anhand unscheinbarer, isolierend umhüllter Metalldrähte anvisiert werden.

Florian Sprenger

»Lines of Communication«*

An einem warmen Sommertag des Jahres 1729 hängt ein Kupferdraht in einem Garten im Süden Englands. Als das eine Ende mit einem geriebenen Glaszylinder berührt wird, beginnen im gleichen Moment am anderen Ende kleine Blattgoldstückchen wie Schmetterlinge zu tanzen und sich auf den Draht zu setzen. Elektrifiziert hat ihn der Färber und leidenschaftliche, aber nicht in die Zunft der Forscher aufgenommene Stephen Gray. So kann Gray von der einen Seite des Gartens bis zur anderen, gänzlich ohne Sichtkontakt und nur durch den Schall der Stimme seinem Freund Granvile Wheler am anderen Ende des Drahts bezeugt, eine »electrick vertue«[27] hervorrufen: Anziehung, elektrische Kraft. Es reicht sogar, den Glaszylinder nur in die Nähe des Drahts zu halten, ohne diesen zu berühren. Einige Zeit später hängt Gray einen Schuljungen waagerecht auf, elektrisiert ihn wiederum mit geriebenem Glas und

* Einige dieser Überlegungen wurden bereits veröffentlicht und weitergedacht in Florian Sprenger: *Medien des Immediaten. Elektrizität, Telegraphie, McLuhan*, Berlin 2012.

lässt aus seinen Fingerspitzen winzige Funken auf die umstehenden Zuschauer schlagen. Es ist noch keine über Leben oder Tod entscheidende Macht, welche sich ins Wissen einfräst, auch wenn man bereits kleine Vögel damit töten kann. Es ist auch nicht die Möglichkeit, mehr als undifferenzierte Schläge auszuteilen und diese, durch Codierungsverfahren geschickt, mit Bedeutung aufzuladen. Noch ist alles gänzlich bedeutungs- und anwendungslos, ein Medium ohne Botschaft, oder vielmehr: ein Medium, dessen Botschaft darin besteht, dass es existiert, dass es eine Wirkung gibt, wo keine sein dürfte. Denn es ist eine Distanz, eine Ferne zwischen Ursache und Wirkung, materiell gefüllt durch einen Draht. Es ist – Übertragung, instantan, simultan, unmittelbar.

Und es kommuniziert. Gray nennt die Drähte »Lines of Communication«.[28] Über einen Begriff wie ›Kabel‹ verfügt er noch nicht. Von Isolation, Ladungszuständen und Elektronen weiß er nichts. Kommunikation ist für das physikalische Wissen seiner Zeit die Verbindung einer Ursache mit einer Wirkung, zwischen denen Übertragung statthat: die Notwendigkeit eines kausalen Zusammenhangs. Alle Vorgänge im Universum müssen eine Ursache haben, aus der sie erklärt werden können. Damit Elektrizität in diesem Sinne kommunizieren kann, sind zwingend drei Dinge nötig: zwei Kommunizierende auf jeder Seite und ein Dazwischen. Sender und Empfänger müssen voneinander unterschieden sein, sonst gäbe es keinen Kanal und keine Verbindung. Es muss Zwei geben, damit es Eins geben kann. Doch die Zwei braucht eine Drei: das Medium. Kommunikation setzt eine Differenz voraus, einen Abgrund. Die Verbindung braucht die Trennung. Diesen zeitlichen oder räumlichen Abgrund zu überwinden, ihn zum Verschwinden zu bringen, ist Zweck der Kommunikation. Aber die Elektrizität überspringt ihn nicht nur, sondern scheint ihn aufzuheben. Sie überträgt, indem sie die Differenz der Zeit unwahrnehmbar macht und den Raum vertreibt, sie beide nicht mehr messbar sein lässt und doch ein Stück Draht in sie hineinlegt. Ursache und Wirkung sind getrennt und voneinander entfernt, aber scheinbar gleichzeitig – und verbunden durch einen länglichen Kupferdraht.

Ob die Elektrizität eine Geschwindigkeit hat, kann Gray nicht sagen. Sie benötigt, so scheint es, keine Vermittlung und keinen Code, sondern ist einfach da – gleichzeitig da, auf beiden Seiten des Kanals, der also keiner mehr ist, aber dennoch den Raum erschließt und öffnet. Die Kommunizierenden müssen nicht am selben Ort anwesend sein. Aber ihre Gegenwart stimmt überein. Was an Grays und Whelers Enden des Kabels geschieht, scheint zugleich zu geschehen. Ein ganzer Garten kann dazwischen liegen und bald die ganze Welt, ausgemessen von Kupferdraht, aber keine Minute, keine Sekunde, kein Moment, kein Augenzwinkern und kein Aufschub.

Das Kabel ermöglicht eine Übertragung, deren Eigenschaften die Übertragbarkeit selbst zum Thema machen werden – und mit ihr eine *communio*, eine um das *cum* reduzierte *unio*, sowie letztlich auch das, was sie füllt: das Kabel. Es spannt den Abstand auf und ist als Medium das, was jeder Verbindung vorausgeht. Übertragen wird von Stephen Gray in einem Garten im Süden Englands im Sommer 1729 die Übertragbarkeit; in der Kommunikation wird die Kommunizierbarkeit kommuniziert.

So wird ohne Zeit ein Raum geöffnet, der von Ende A und Ende B begrenzt und durch ein Stück Draht de-finiert wird. Was im Garten geschieht, spielt für die Verbindung keine Rolle. Dieser Raum der Übertragung, ihr Territorium, ist so weit wie der Draht reicht, ohne die Enden auf direktem Weg verbinden zu müssen. Er kann gewunden oder gespult sein und über Ecken verlaufen. Er ist offen, denn seine Endpunkte können verändert werden. Jedes Kabel erzeugt einen solchen Raum, in dem und indem es verlegt wird. Und doch wird er erst im Akt der Kommunikation durch das Kabel zu einem solchen Raum der Verbindung durch Trennung.

Medien der Elektrizität

Unter Elektrizität verstand man bis ins 18. Jahrhundert hinein nichts anderes als ein Attribut von Gegenständen, die nach Erwärmung durch Reibung anziehend wirken.[29] Der Begriff bezeichnete demnach eine Eigenschaft, die abhängig vom Gegenstand in Handarbeit produziert werden musste. Die Untersuchung dieser Eigenschaft war stets eingebettet in theoretische Vorannahmen zum Magnetismus und über kleinste Teilchen, Effluvia oder Korpuskel genannt. Sie vollzog sich in Experimentalsystemen zur Erzeugung von Vakuum und Reibung, war geprägt von Äthermodellen und gerichtlichen Beweisverfahren. Zwar formierten sich nach und nach ein eingegrenzter und definierter Problem- und Phänomenbereich, eine Institutionalisierung geschah jedoch vorerst nicht, zu dispers waren die Erkenntnisse, zu vage der Nutzen, kaum über den Selbstzweck spektakulärer Experimente mit leuchtenden Kugeln, schwebendem Blattgold und blitzendem Glas sowie über das Wissen an sich hinausgehend. Schuld daran war nicht zuletzt die unklare und ungewisse, prekäre und flüchtige Beschaffenheit von Elektrizität, die Insignifikanz ihrer Phänomene. Niemand ›beherrschte‹ die Elektrizität. Sie zu fabrizieren erforderte viel Geschick, Fingerfertigkeit und Geduld.

Den zentralen historischen Zusammenhang der Elektrizitätsphysik bildete fast genau 100 Jahre lang, vom Erscheinen von William Gilberts *De Magnete* im Jahre 1600, in dem der elektrischen Kraft in Abgrenzung zur magnetischen Kraft ein eigener Stellenwert zugesprochen wurde, bis zu Francis Hauksbees ersten Experimenten als leitendem Experimentator der *Ro-*

yal Society, die Erweiterung der Klasse der *electricks*. Man war schlicht auf der Suche nach immer neuen elektrisierbaren, sprich anziehenden Substanzen. Im Zentrum des Interesses stand die Erforschung der kleinsten Körperchen, die elektrische Wirkungen gemäß der verbreiteten mechanistischen Theorien vermitteln sollten. Aller Raum, so nahm man an, sei von unwahrnehmbaren Körpern gefüllt, die alle Erscheinungen und Wirkungen verursachen – so auch die Phänomene der Elektrizität.

Die Regeln des Erscheinens dieser Phänomene waren nicht zuletzt instrumentelle Regeln. Während bei Gilberts oder Hauksbees Experimenten noch alle Bestandteile der Anordnung in einem Raum und anschaulich erfassbar sein mussten, ändern sich bei Gray die Rahmenbedingungen: die räumliche ›Kopräsenz‹ von ›Sender‹ und ›Empfänger‹ an beiden Enden der Leitung ist nicht länger notwendig. Anziehung agiert nicht mehr nach dem Vorbild des Magneten dort, wo sich der geriebene Gegenstand befindet. Wenn jedoch, wie Grays Experimente im Folgenden nahelegen, Elektrizität selbst übertragbar und kommunikabel ist, dann ergibt sich ein neuer Fixpunkt. Der Ort der Produktion von Elektrizität ist nicht mehr zwangsläufig identisch mit dem Ort ihrer Wirkung. Sie kann verschickt werden. Damit wiederum ist eine Fernwirkung im Spiel, bei der die Betonung nunmehr auf der ersten Silbe liegt und die durch Kabel gefüllt werden wird.

Die Frage, welche Stoffe es sind, oder warum es gerade diese sind, oder welche es noch sein könnten, verliert an Bedeutung, wenn, wie Gray zeigt, Elektrizität auch durch ungeriebene Stoffe übertragen werden kann. Nicht mehr Fragen nach der Substanz der Elektrizität bilden den Mittelpunkt, wiewohl sie weiterhin gestellt werden, sondern die Beobachtung der Weitergabe und die Experimentalisierung der Übertragung. Elektrizität wird im Durchgang durch konkrete technisch-mediale Experimentalanordnungen als epistemischer Gegenstand konstituiert und gewinnt erst durch die neuzeitliche Experimentalwissenschaft an Bedeutung, vor der es keinen Ort für Elektrizität gab. Was ab dem Schwellendatum 1600 und William Gilberts maßgeblicher Unterscheidung in *vis magnetica* und *vis electrica* noch bis weit ins 18. Jahrhundert hinein zunächst vor allem in England und dann in Frankreich und Deutschland betrieben wird, ist keine Wissenschaft von der Elektrizität, sondern eine Erkundung verschiedener Phänomene, die irgendwie mit der Anziehung in Verbindung gebracht werden können. Und dabei wird seit 1729 vor allem Draht gebogen, gehängt, gestaucht, verlängert und verknotet. Es gibt keine Einheit des Gegenstandes oder Phänomens, sondern ein diskursives Feld, auf dem sich die Gegenstände allererst um die Materialität des Drahtes herum konstituieren, der alsbald zum Kabel wird.

Dieser Weg zum Kabel führt über einige Umwege. Schon Anfang des Jahres 1708 schreibt Gray, als Färber aus Canterbury handwerklich und chemisch ausgebildet, einen Brief an Hans Sloane, den Sekretär der *Royal Society*, der einflussreichsten wissenschaftlichen Institution seiner Zeit. Gray erläutert seine Fortsetzung von Experimenten, die vor der Versammlung der *Royal Society* von Francis Hauksbee angestellt worden waren. Weil ihm als einfachem Handwerker der Zugang zu den teuren Werkzeugen der *Royal Society* nicht vergönnt ist, greift Gray auf einfache Glaskolben, Federn und Blattgold zurück. Er beschreibt, wie er einen geriebenen Glaskolben eine Daunenfeder über eine Entfernung von einem Meter anziehen lässt – geradezu ein erster Weltrekord der elektrischen Fernwirkung. Anziehung stellt sich ihm jedoch nicht als solitäres Phänomen dar: »If when the feather is come to the Glass it be held at about 6 or 8 inches Distance from the side of a wall edge of a Table Arme of a Chair or the like it will be drawn to it and thence to the Glass again and that for 10 or 15 times together without ceasing it flies to object at a greater Distance but then does not soe often Return.«[30]

Grays Brief, der unveröffentlicht bleibt und in dem die theoretischen Grundlagen für die Übertragung gelegt werden, welche das Kabel besetzen wird, stellt sich der Herausforderung, zu erklären, wie durch Reibung zum *Aus*strömen gebrachte Effluvia *an*ziehen, ohne eine Lösung zu finden. Dazu rekurriert er auch auf Abstoßungsphänomene, die bislang aus dem Raster der Beobachtungen gefallen waren: »When the feather is come to the Glass and thence Reflected if you follow it with the Glass twill flee from it and will by noe means be made to touch it till driven near to the next wall in the Room or some other solid object by which twill be attracted and freely return to the Glass again Repeating its Reflections [...].«[31] Berührt die Feder das Glas, so bewegt sie sich zu den umliegenden Körpern und kommt dann wieder zurück zum Glas. Grays Vermutung lautet, dass alle Körper Effluvia aussenden und somit in relationaler Wechselwirkung stehen.[32] Die Effluvia übertragen, so wird er später festhalten, durch die Luft so viel elektrische Kraft, dass ein empfangender Gegenstand ebenfalls elektrisch wird. Das Prinzip dieser Fernwirkung ist identisch mit dem der Berührung, denn in beiden Fällen stimulieren die Effluvia die Anziehung. Da Gray die Effluvia als atmosphärenartig vorstellt, sind davon alle umliegenden Gegenstände betroffen. Denn durch das Ausfließen würden auch die umliegenden Körper temporär elektrisch: »[...] as all bodies Emitt soe they Receive part of the Effluvia of all other bodies that Inviron them and that the attraction is made according to the current [!] of these Effluvia [...].«[33]

Dieser Austausch erfüllt den gesamten Raum und erzeugt geradezu ein Netz aus fließenden Effluvia zwischen den Dingen. Doch ein solches Feld der Adressierbarkeit kann sich Gray noch nicht vorstellen. Zu Dingen, die in den Wirkungsraum der Elektrizität gelangen, ergibt sich sofort eine Verbindung. Dieser Raum ist offen, reicht aber nur wenige Zentimeter weit. Die Fernübertragung hingegen hat immer ein Ziel, weil sie einen Gegenstand zur materiellen Grundlage hat, die so lang ist wie die Reichweite der Wirkung. Grays Abstoßung ist also kein eigenständiges Phänomen, sondern eine Anziehung durch die umliegenden, im Laufe des Experiments auch elektrisch gewordenen Körper.

Wie sollten Gegenstände über die Entfernung von mehreren Zentimetern ohne Berührung elektrisch werden? Wie wirken Dinge – ob Glaskolben oder Planeten – in die Ferne? Diese Frage bewegt die Physik seit Aristoteles, der den Grundsatz aufgestellt hatte, dass Ursachen und Wirkungen in räumlichem wie in zeitlichem Kontakt geschehen müssen.[34] Wenn eine Ursache und eine Wirkung trotz einer Distanz aufeinander bezogen sind, dann muss es ein Medium dazwischen geben. »Omnis actio fit per contactum, quo fit ut nihil agat in distans nisi per aliquid medium«,[35] jede Wirkung geschieht durch Kontakt, nichts wirkt in die Ferne, wenn es kein Medium gibt, so ein Lehrsatz aus der mittelalterlichen Aristoteles-Rezeption. Eine unmittelbare Wirkung in die Ferne, die zwei Orte zeitlos aufeinander bezieht, ist in dieser Ökonomie der Kausalität verboten. Stattdessen, gewissermaßen um dieses Verbot zu umgehen, werden Medien wie Äther, *spirits*, Korpuskel oder eben Effluvia eingeführt, die Kausalität und Kontinuität auch in die Ferne herstellen und eine Verbindung trotz Distanz herbeizaubern: *actio in distans*.

Diesen so mächtigen theoretischen Vorgaben folgt auch Gray, wird er doch erstmals ein elektrisches Medium bauen. Seine Thesen über Anziehung und Abstoßung finden jedoch zunächst kaum Resonanz. »I am therefore far from thinking what I here offer is an Intire solution to the Phenomena this I must leave to the consideration of the Learned.«[36] Erst zwölf Jahre später, als Gray zwischenzeitlich im Labor des Newton-Popularisierers John Theophilus Desaguliers gearbeitet hat, erscheint seine nächste Veröffentlichung, gefolgt von weiteren zehn Jahren Stille. Doch dann häufen sich seine Publikationen und sein Einfluss. Als er 1731 dem *Prince of Wales*, dem Desaguliers wiederum als Hofphysiker dient, seine Experimente vorführt, wird ihm von der *Royal Society* die erstmals verliehene Copley-Medaille überreicht, ebenso wie im folgenden Jahr. Gray arbeitet innerhalb eines massiven Umbruchs der wissenschaftlichen Praxis, einer Professionalisierung, in der er einige Dekaden später als verarmter Färber noch größere Autoritätsprobleme und damit Schwierigkeiten der Glaubwürdigkeit seiner Zeugenschaft bekommen hätte, die in der *Royal Society* zum Wahrheitskriterium geworden war. Doch seine Handfertigkeit, »the dyer's knack«,[37] ist entscheidend für das Gelingen seiner Experimente. Wie der Wissenschaftshistoriker Simon Schaffer gezeigt hat, erlaubt Grays außergewöhnliche Fingerfertigkeit ihm viele für Ungeübte schwierige Experimente. So berichtet Charles Du Cisternay Dufay, der Grays Experimente in Paris fortsetzt, welche Schwierigkeiten er immer wieder mit Experimenten habe, die Gray leicht von der Hand gehen. Im Gegensatz zu manchen Interpretationen, die Grays Experimentieren als wilde Bastelei verstehen, kommt Schaffer zu dem Schluss, dass das hand-werkliche, körperlich codierte Wissen des Färbers die Experimente des Physikers organisiert, indem es ihm Handgriffe bereitstellt.

666 Fuß und aufgehängte Jungen

Grays erste und kurze, zwar veröffentlichte, aber einflusslose Stellungnahme zur Elektrizität von 1720 setzt mit seiner wichtigsten Beobachtung ein: Nach mehreren Experimenten mit einem Glaskolben und einer an einem Stab befestigten Daunenfeder wird die Feder auch ohne Glaskolben vom Stab angezogen, »as if it had been an Elecktrick Body, or as if there had been some Electricity communicated to the Stick or Feather«.[39] Grays exakte Beschreibung der Phänomene von Ladung und Entladung, die

1708 oder 1720 noch nicht als solche definiert werden konnten, ist die Voraussetzung für seine These, dass Elektrizität kommunizierbar gemacht werden kann. Der Fokus wechselt von der Anziehung auf die Übertragung, auf übertragene Anziehung, und setzt so die im unveröffentlichten Brief nur angedeutete Elektrisierung in die Ferne fort. Nicht zuletzt auch sich selbst kann Gray elektrisieren und damit ins Spiel bringen, ziehen doch seine Finger Federn oder Haare an. Zunächst beschäftigt sich Gray mit Stofffäden und Papier, »finding them, after they had been well heated before rubbing, to emit conspiciously their Elecktrick Effluvia«.[40] Sammeln sich viele Effluvia, können sie durch Kommunikation weitergegeben werden, ohne dass damit ein Verlust oder Austausch impliziert wäre.

Bis Gray stand im Hintergrund der Elektrizitätsforschung das Bestreben, die Effluvia und mit ihnen alles andere zu erklären, und es wird auch weiterhin wirkmächtig sein. Gray beschreitet einen anderen Weg, der von der Wissenschaftsgeschichte noch kaum beschrieben ist: den der Übertragung. Sein nächster Bericht aus dem Jahre 1731 beginnt mit einer erneuten Erwähnung von Glaskolbenexperimenten, geht dann aber mit einigen Raumwechseln weit darüber hinaus. Das Kabel betritt die Bühne. Gray verschließt den offenen, drei Fuß langen und wenige Zentimeter breiten Kolben mit einem Stück Kork, um das Eindringen von Staub zu verhindern.

Zu seiner Überraschung verändert der Korken am Ende die Wirkung der Röhre jedoch nicht, ganz im Gegenteil: Er wirkt selbst anziehend. In der bisherigen Wissensordnung war dies unmöglich, denn er wurde nicht gerieben.

Zunächst geht es Gray um Nahwirkungen, die man heute durch Induktion erklären würde. Er ersetzt den Korken durch allerlei andere Materialien oder berührt diese mit dem Korken und kann so die Elektrizität vom einen zum anderen Gegenstand weitergeben, ohne dass dieser gerieben werden müsste. Der Korken wird zum Überträger, während im vorherigen Experiment die Übertragung noch durch Effluvia im Raum vonstattenging. Auch wenn ein Draht senkrecht am Korken befestigt wird, lässt sich mit diesem die Elektrizität auf andere Gegenstände übertragen. Verschiedenste Gegenstände können an dem in der Luft hängenden Kolben befestigt werden und bilden zusammen eine neuartige Anordnung. Der Übertragungsraum reicht vom Kolben zum Gegenstand, der zeitweilig geladen transportierbar ist.

Gray kann Dinge deswegen elektrisieren, weil sie nicht von seiner Hand berührt werden, wie es bisher immer geschehen ist. Sie sind, mit heutigem Wissen gesprochen, gegen Ableitung isoliert. Vorerst werden mehrere Materialien in eine Reihe gebracht. Wenn die Wirkung, die bisher nur dort war, wo gerieben wurde, am Ende der Anordnung auftritt, ist der Gegenstand im Zwischenraum elektrisierbar und als Überträger geeignet. Er wird zum Medium der Kommunikation. Gray verwendet verschiedenste Kommunikationsträger, etwa einen Fischerspeer aus spanischem Rohrstock, Ofenrohre, Kaminzangen sowie Walknochen und weitere Stangen oder Stäbe, Kupfer- und Eisendraht, Teekessel, Bindfäden, aber auch Gemüse. Da die Übertragung mit allen diesen Gegenständen mehr oder weniger effektiv gelingt, stellt sich die Frage, wie lang eine Leitung aus Kupferdraht sein kann und welche Distanzen damit zu überwinden sind, also gleichsam eine Reichweitenprüfung.

Auf welche Weise Gray die Drahtstücke miteinander verbindet, erwähnt er nicht. Die damaligen Herstellungsmethoden sind höchstens für Drahtstücke von einigen Metern Länge geeignet, die aneinandergeknotet werden können. Es geht ihm jedenfalls nicht darum, eine mögliche Anwendung auszuloten. Seine Experimente sind kein Vorläufer der Telegraphie, als die sie auf den ersten Blick erscheinen mögen. Vielmehr besetzen die Reichweitenexperimente den Ort der Fragen nach Substanz oder Effluvia. Als bewiesen wird, dass eine bestimmte Länge erreichbar ist, finden sie keine weitere Fortsetzung. Eine größere Distanz als einige Hundert Fuß wird vorerst nicht begehrt, obwohl sie potentiell möglich erscheint. Aber was sollte man eine Meile entfernt mit der Elektrizität anfangen? Dass ein Raum überwunden werden kann, ist fas-

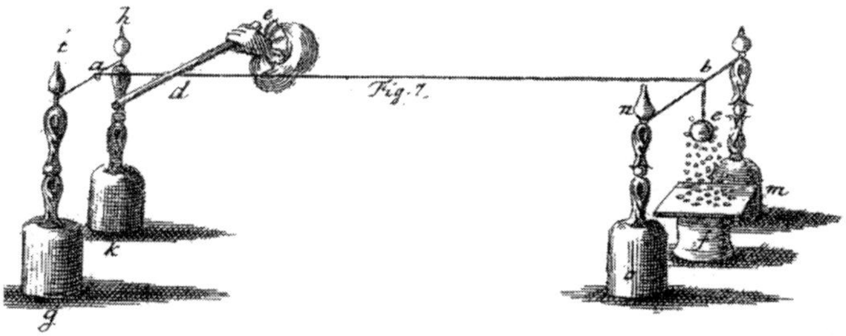

Grays Kabel, aus: Johann Gabriel Doppelmayr: *Neu-entdeckte Phaemomena von bewundernswürdigen Würckungen der Natur*. Nürnberg 1744, Tafel II.

zinierend genug, denn mit dem Kabel wird er zum Territorium, das zwischen seinen Enden liegt und in kürzester Zeit überwindbar ist. Zum Faszinosum einer Nah-Anziehung ohne anschauliche Ursache tritt das Faszinosum einer Fernwirkung, die die Anschauung überblendet, überwindet sie doch letztlich Distanzen, die für das Auge zu groß sind.

Dieses Begehren hat Grenzen. Zunächst sind es nur wenige Meter. Für längere Anordnungen ist Grays Zimmer zu klein. Erste Versuche mit einer waagerechten Aufhängung scheitern, weil Gray zur Befestigung das gleiche Material verwendet wie zur Leitung. Erst eine Landpartie in Ottenden Place in der Grafschaft Kent auf dem Anwesen seines Freundes Granvile Wheler, dem Pfarrer der *Royal Society*, erlaubt Gray, seine Forschungen in größeren Räumen als denen seines Stadtzimmers und vor allem ungestört fortzusetzen, um sie anschließend in London der Öffentlichkeit der *Royal Society* zu präsentieren.

Die Geschichten aus dem Garten, die Gray freimütig erzählt, zeigen den Stellenwert narrativer Muster für die Verankerung epistemischer Neuerungen. Denn was könnte unwahrscheinlicher sein als die Aufhebung oder wenigstens Manipulation von Raum und Zeit in dieser Idylle? Gray hat kein Verfahren, auf das er sich stützen könnte. Weil niemand aus der *Royal Society* anwesend sein kann, macht seine Narration die Leser der *Philosophical Transactions* zu virtuellen Zeugen des Experiments. Gray und Wheler beginnen damit, dass sie eine Röhre senkrecht aufhängen, die dann Blattgold anzieht, das auf einem Holzschemel oder einem Glasgestell liegt. Diese Reihe lässt sich fortsetzen, indem an der Röhre andere Materialien befestigt werden und am unteren Ende ein Stock mit einem Elfenbeinstück angebracht wird. Da Whelers Haus über einen Balkon und sogar einen mehr als 10 Meter hohen Glockenturm verfügt, kann hier mit längeren Anordnungen experimentiert werden, aber auch diese Höhe reicht nicht aus, um die Wirkung zum Verschwinden zu bringen. Für die Rückkehr nach London plant Gray, eine Röhre vom höchsten Punkt der Kuppel von St. Pauls Cathedral herabzuhängen, die dann im Altarraum Blattgold angezogen hätte – aber dies erübrigt sich, als Wheler vorschlägt, die Leitung an der Decke zu befestigen und waagerecht verlaufen zu lassen. Der Vorteil der senkrechten Anordnung liegt darin, dass keine Störung durch ›Ableitung‹ an irgendeinen haltgebenden Gegenstand möglich ist, der ja selbst leitet, aber nicht in die richtige Richtung. Eine Begründung für diese Vermutung gibt Gray jedoch nicht. Vielleicht, so lässt sich spekulieren, geht er nach weiteren Erfahrungen mit der Übertragung von einem Transport einer Substanz aus. Warum aber die an der Decke aufgehängte senkrechte Röhre nicht von Ableitung bedroht ist, bleibt unklar. Bei der Verwendung von Hanffäden als Trägern kommt keine Wirkung zustande oder sie ist sehr schwach. Die Dünne von Seidenfäden soll das Entweichen der Elektrizität durch ›Abfluss‹ verhindern. Mehrere Seidenfäden werden zwischen Hanffäden geknotet, an die Decke des Empfangssaals gehängt und tragen die waagerechte *Line of Communication*, die in einem Elfenbeinball endet. Zwar gelingt nun das Experiment, aber wie sich bald herausstellt, ist die Erklärung falsch. Denn nicht die Dicke der Träger, sondern ihre Beschaffenheit eignet sie zu Isolatoren. Der Versuch, sie durch noch dünneren Metalldraht zu ersetzen, scheitert wirkungslos. Also muss es am Material und nicht an der Dünne liegen, denn Metall und Hanf leiten ab, Seide hingegen nicht. Als die Seidenfäden wegen des zu tragenden Gewichts reißen, probieren Gray und Wheler Kupferdraht, aber die erhoffte Elektrizitätswirkung bleibt aus: »[...] when the Effluvia come to the Wire or Packthread that supports the Line, it passes by them to the Timber, to which each End of them is fixed, and so goes no farther forward in the Line that is to carry it to the Ivory Ball.«[41] Diese Entdeckung ist entscheidend für den weiteren Fortgang, denn die Isolation, die Gray noch nicht als solche benennen kann, macht aus dem Draht mehr als er ist. Er wird zum Kabel, dessen notwendige Bedingung in der Isolation besteht, denn unisoliert fließt nichts, und der Draht ist kein Überträger. Die Kupferaufhängung und ihre Ersetzung durch Seidenfäden impliziert Grays Unterscheidung in Leiter und Nicht-Leiter und damit die Beschreibung der Isolation und das Kabel-Werden des Drahts.

Um eine noch längere Leitung zu erreichen, sollen die Effluvia auch über Eck fließen. Erst die doppelte Befestigung der Seidenfäden erlaubt eine Erweiterung der Leitung. »Then the Cane being rubbed, and the Leaf-Brass held under the Ivory Ball, the Electrick Vertue passed by the Line of Communication to the other End of the Gallery, and returned back again to the Ivory Ball, which attracted the Leaf-Brass, and suspended it as before. The whole length of the Line was 147 Feet.«[42] Damit kommen die Effluvialtheorien an ihre Grenzen, denn hier können sie nichts mehr erklären. Über mehrere hundert Fuß kann vom Glaskolben aus nichts ausströmen.

Das Experiment findet im Freien seine Fortsetzung. Am Haus beginnend wird eine Leitung auf zwischen Stäben gespannten Seidenfäden verlegt. Sie reicht am 14. Juli 1729 666 Fuß weit. Den Rückkanal, der dem einen Experimentator am Ende der *Line of Communication* erlaubt, seinem Freund am anderen Ende mitzuteilen, was geschieht, bildet die Stimme. Wheler und Gray, der gewöhnlich den reibenden Part übernimmt, rufen sich die Resultate des Versuchs gegenseitig zu, nutzen also den Laut und seine Überwindung des sichtbaren Raumes. Die Zeitverzögerung dieses Rückkanals spielt dabei keine Rolle. Gray kann nicht an beiden Enden zugleich sein, um das Geschehen zu prüfen oder die Geschwindigkeit zu ermitteln. Es kann spekuliert werden, dass längere Experimentalanordnungen über die Reichweite der Stimme hinaus wegen der Schwierigkeit der Synchronisation zwischen Gray und Wheler nicht angestellt werden.

Es können zwei und sogar drei verschiedene Leitungen aus einer Quelle heraus gelegt werden, die simultan in verschiedene Richtungen führen. Doch die Zeit holt die beiden Forscher letztlich ein: »We began about Seven o'Clock, or some little Time after, but before Eight the Attraction ceased: But whether this was caused by the Dew falling, or by my being very hot, we could not positively say, but I rather impute it to the latter.«[43] Berichte von einer Fortsetzung dieser Experimente gibt es nicht, wohl aber eine Verlegung von der Länge auf die Fläche, indem in einer Vorwegnahme des globalen Dorfes

Abbildung aus: Johann Gabriel Doppelmayr: *Neu-entdeckte Phaemomena von bewundernswürdigen Würckungen der Natur*. Nürnberg 1744, Tafel II.

eine 27 Quadratfuß große Weltkarte elektrisiert wird. Auch ein kreisförmig aufgehängter Draht zieht in allen seinen Teilen gleichermaßen unter ihm liegendes Blattgold an, vorausgesetzt, es ist nicht zu weit entfernt. Dabei bemerkt Gray, dass die Anziehung in allen Teilen des Kreises gleichzeitig zu sehen ist. Es lässt sich nicht feststellen, in welchen Teil des Kreises die Elektrizität zuerst gelangt. Dies ist allen Experimenten gemeinsam: Egal wie lang die Verbindung, die Wirkung ist schon da. Der Igel ist schneller als der Hase, aber nicht weil er zwei wäre, sondern weil er in einer Gestalt an beiden Orten ist.

Insofern die Berühung der geriebenen Gegenstände ihre Gegenwart und Präsenz erfordert und eine Wirkung erzielt, muss auch die Wirkung in Abwesenheit, wenn mit dem Kabel eine trennungslose Verbindung vorhanden ist, gleich der vorigen Gegenwärtigkeit geschehen: in Präsenz. Präsenz ist nicht mehr die Bedingung dafür, dass es Berührung der beiden Enden geben kann, sondern das notwendige Ergebnis der Übertragung. Weil die Elektrizität an beiden Seiten zugleich ist, ist sie gegenwärtig präsent. Das Kabel ist nicht nur zum Medium geworden, sondern im gleichen Schritt zum Medium einer Unmittelbarkeit, die physikalisch unmöglich ist. Ihre Geschichten lassen sich nicht mehr trennen.

Die Geburt des Kabels aus dem Geiste des Drahts

Mit dem Einsatz von Kupferdraht trifft die neue Wissenschaft auf ein alteingesessenes Handwerk, das um 1700 vor allem in England massiven Umbrüchen ausgesetzt ist. Der Draht wird als technisches Instrument von Handwerkern vertrieben und unterscheidet sich darin von den Elektrisiermaschinen Hauksbees und den frühen Glaskolben, die als genuin wissenschaftliche Instrumente gelten. Seine Herkunft geht nicht in einer Wissenschaftsgeschichte auf. Vielmehr ist der Draht im Gegensatz zu vielen anderen physikalischen Instrumenten dieser Zeit in ein Geflecht von traditionellen Handwerksweisen, Anwendungen und Praxen eingebunden.[44]

Die Fertigung von Drähten durch das Hämmern, Gießen oder Rollen von Stangen und Streifen ist schon in der Bronzezeit nachgewiesen.[45] Bereits in der Antike wurden Drähte als Schmuck und für Ornamente, als Haushaltsgegenstände und Nadeln, Saiten oder Waffen sowie zum Befestigen von Gegenständen (wie auch Zähnen an anderen Zähnen) verwendet. Ein Draht muss nicht zwangsläufig biegbar oder elastisch sein, zumal gerade diese Eigenschaften Resultat intensiver Bearbeitung des Rohmaterials sind. Ein in Pompeji gefundener Bronze-Draht misst viereinhalb Meter und ist 0,7 Zentimeter dick. Auch Eisen, Gold, Silber und vor allem Kupfer wurden eingesetzt. Hergestellt wurde Draht nachweislich ab dem 8. Jahrhundert durch das Ziehen eines Metallstücks in warmem Zustand, anschließendem Abkühlen, um die Konsistenz des Materials wieder herzustellen, und erneutem Ziehen. Drahtziehen ist eine Kunst des Drahtdünnermachens. Mittels Muskelkraft wurden verschiedene Ziehinstrumente wie Zangen oder Böcke angetrieben oder aber der Draht durch Löcher in einem Eisenstück gezogen. Etwa ab dem 14. Jahrhundert organisierte sich das hämmernde, feuernde und ziehende Drahtschmiede- oder Drahtzieherhandwerk in Deutschland, Holland und Schweden in Zünften, wodurch sich neue Maßstäbe für die Haltbarkeit, Oberflächenbeschaffenheit und Bruchsicherheit der Erzeugnisse ergaben.[46] Diese Wandlung war vor allem von der Professionalisierung des Bergbaus abhängig, der dem Drahthandwerk die Rohstoffe lieferte, selbst aber auch auf Drahterzeugnisse angewiesen war. Frühe Hochöfen erlaubten neue Fertigungsverfahren, ließ sich das flüssige Eisen doch leicht formen. Ab 1400 wurden leistungsfähige wassergetriebene Maschinen eingeführt, die in England um 1700 vor allem in Coventry und Redditch weiterentwickelt werden und die Herstellungsmenge vervielfachen. Sie erlauben eine Ökonomisierung dieses Handwerks. Mit den Drahtziehmaschinen sind große Mengen Draht leicht und billig herzustellen. Aus dem Handwerksgut wird eine Handelsware. Ihr Angebot kann die Elektrizitätsforschung nachfragen.

Die beginnende Standardisierung und Ökonomisierung macht es erst möglich, dass jedem Elektrisierer in England vergleichbare Kabel ohne größere Materialschwankungen zur Verfügung stehen.[47] Zwar lässt sich nicht nachweisen, dass Gray und die anderen zeitgenössischen Physiker die Drähte derselben Manufaktur verwenden. Die Verfügbarkeit ist aber gesichert und mit ihr sind Qualitätsstandards eingeführt. Ab etwa 1780 stehen in England schnelldrehende Walzen zur Verfügung, die heißen Draht in Form bringen können. Diese verbesserte Drahtwalztechnik begründet die englische Vormachtstellung in der weltweiten Drahtproduktion. Zwar ist die

Elektrizitätsforschung für die Drahtindustrie vorerst nur ein Nebengeschäft, mit dem ansteigenden Drahtbedarf durch Michael Faradays Experimente zum Elektromagnetismus und dann explosiv mit der Einführung der Telegraphie wird die Elektroindustrie aber zum Hauptabnehmer. Spätestens als vorgefertigte, isolierte Kabel benötigt werden, spezialisiert sich die Drahtindustrie auf die Elektrizität – mit massiven Folgen sowohl für die Hersteller als auch für die Konsumenten. Durch die Notwendigkeit der Isolation expandiert die Kabelindustrie. Ab 1834 kann gedrilltes Drahtseil hergestellt werden, das sowohl im Bergbau als auch in der Telegraphie reißenden Absatz findet. Auch Dampfhämmer erlauben Produktionssteigerungen und bessere Qualität. Die neu entwickelten Mehrfachdrahtzüge tragen Weiteres dazu bei. Diese Techniken bleiben bis in die 20er Jahre des 20. Jahrhunderts weitestgehend unverändert. Wie B.C. Blake-Coleman herausgearbeitet hat, erlangt die Kabelindustrie eine eigene Marktposition, indem sie nicht nur Standards etabliert, sondern der Wissenschaft mit ihrem praktischen Wissen aushilft.

Der Draht führt ein experimentelles Eigenleben und erlangt eine Medienfunktion, deren Relevanz für die Kommunikation erst nach und nach erkannt wird. Er ist von vornherein Medium, offen für verschiedenste Benutzungsweisen und vor allem als Bindemittel medial. Er greift in die Experimente ein, weil er ableitet, widerständig ist oder bricht. Michael

Faraday beispielsweise kann das mechanistische Weltbild durch die Feldtheorie nur erschüttern, weil er in seinen Dutzenden Induktionsexperimenten vor allem eins tut: Biegen des Drahts zu Spiralen und Kreisen, zu Quadraten und Quadern, in Form von Buchstaben und Kurven.[48] Das Wissen, das aus diesen ungewollten Phänomenen gewonnen wird, ist Wissen um die Elektrizität, die ohne Leiter, ohne Substrat oder ohne Medium nicht länger denkbar ist. Der Draht eröffnet Räume und Zeiten, ermöglicht Verbindungen, lässt sie sogleich verschwinden oder stellt sie auf Distanz, und er tut all dies schon in den Experimenten Grays.

Es sind mithin zwei aus diesen abgeleitete Erkenntnisse, die eine wichtige Verschiebung in der Elektrizitätsforschung markieren. Erstens, dass bestimmte Materialien die Kraft zur Anziehung über lange Distanzen transportieren können, wenn sie isoliert sind; zweitens, dass zwischen zwei Gegenstände ein leitender Dritter geschaltet werden kann. Sie erlauben Gray, nie dagewesene Effekte zu erzielen und geben ihm eine Stimme im Diskurs, die von der Newtons und seiner Anhänger abweicht.[49] Die Kommunizierbarkeit von Elektrizität konstituiert einen neuen Problembereich, weil sie den Gegenstand aus Kosmologie und Materietheorien löst.

Diese Kommunizierbarkeit der Elektrizitätswirkung geht aber nicht in der physikalischen Leitfähigkeit auf, wie von der Wissenschaftsgeschichte nahegelegt wird. Die frühe Geschichte der elektrischen Übertragung kann nicht allein vom Wissen der Physik her geschrieben werden. Sie hängt an der eigensinnigen Materialität des Kabels. Zwei Formen der Übertragung sind in der Anordnung Grays zusammengebracht. Einerseits kann man die Elektrizität ohne offensichtliches Medium von einem Gegenstand auf den anderen vermitteln, wenn sie angenähert oder berührt werden. Andererseits bringt eine Übertragung die Elektrizität zu einem fernen Ort, indem andere Gegenstände elektrisch und damit zur Leitung oder zum Kabel werden. Sie öffnen den Raum. Während des Winters setzt Gray die Experimente in diese Richtung in London fort und findet heraus, dass die kommunizierenden Gegenstände gar nicht direkt miteinander verbunden sein müssen, sondern selbst mit ein wenig Abstand eine Wirkung einsetzt. Es ist also keine Berührung nötig. Es reicht aus, in die Nähe der Leitung eine geriebene Röhre zu bringen. Diese Kommunikation gelingt ohne Kontakt der beiden Körper. Auch das Blattgold am Ende der Leitung wird solcherart über die Entfernung angezogen: »By these Experiments we find that the Electrick Vertue may not only be carried from the Tube by a Rod or a Line to distant Bodies, but that the same Rod or Line will communicate that Vertue to another Rod or Line that is at a Distance from it, and by that another Rod or Line the Attractive Force may be carried to other distant Bodies.«[50] Es ist, so Dufay zum selben Experiment, nicht nötig, dass die Leitung die Kugel am Ende »unmittelbar berühre«,[51] damit diese unmittelbar überträgt.

Die *Line of Communication* – ein Begriff, der auch militärische Nachschublinien bezeichnet – kommuniziert, indem sie vom einen auf den anderen Gegenstand weitergibt, aber sie verdreifacht die Übertragungsinstanzen: von Gegenstand auf Gegenstand am Anfang, durch den Gegenstand in der Mitte und von diesem Gegenstand auf einen Gegenstand am Ende. Die Mitte kann nahezu beliebig verlängert werden. Bildeten die imaginierten Effluvia bei Hauksbee noch eine kontinuierliche Reihe und ermöglichten so eine Unmittelbarkeit, wird diese Imagination nicht länger benötigt, wenn das Kabel die Funktion einer Kontinuität übernimmt. Auch in diesem Fall ist eine Trennung vorausgesetzt, weil es sich in jeder der drei Relationen um zwei Gegenstände handelt, sowie ein Drittes, das zwischen ihnen steht. Die kabellose Kommunikation von Effluvia, elektrizitätsgeschichtlich der Leitung vorgängig, geschieht am Anfang und am Ende des Kanals, über eine Entfernung von wenigen Zentimetern. Was in diesem Zwischenraum geschieht, mag unsichtbar sein, der Effekt ist aber mit einem Blick zu sehen. Die Leitung ist zwar sichtbar, bei großen Entfernungen jedoch nicht, was an ihren Enden geschieht – lediglich ein Ende ist in Reichweite.

Als handhabbare Materialität setzt die Kabelübertragung über eine unanschauliche Entfernung nicht nur eine Trennung voraus, indem sie eine Verbindung herstellt, sondern auch ein vom Physiker herzustellendes Medium, das diese überwindet: den Ort des Kabels. Ihn hat Michel Serres in seiner Theorie des Parasiten als den Dritten, der an jeder Relation teilhat, zu fassen versucht: »Es gibt ein Drittes vor dem Zweiten; es gibt einen Dritten vor dem anderen. [...] Ich muss durch eine Mitte hindurch, bevor ich ans Ende gelange. Es gibt stets ein Medium, eine Mitte, ein Vermittelndes.«[53] Sobald die *Line of Communication* verlängert wird und nicht mehr in den Händen Grays gehalten werden kann, ändert sich die Konstellation. Der Kanal stellt eine mediale, materielle Verbindung zwischen zwei Körpern her und eine notwendige technische Bedingung für eine Fernübertragung dar. Er ist zwar kein Anhängsel der Röhre, schon allein weil seine eigene Elektrisierung und damit die Gefahr der Störung durch Ableitung im Raum steht. Aber obwohl die Wirkung offensichtlich durch ein Medium verläuft, wird dieses Medium durch Instantanität negiert, durch eine über alle Geschwindigkeit hinausgehende Gleichzeitigkeit der Wirkung. Ihre Faszination hat bei Gray einen Höhepunkt, weil sie erstmals in einer experimentellen Anordnung materialisiert wird. Sie wird die Physik bis in die Gegenwart verfolgen.[54]

Das Medium ist zwar da, aber die Vermittlung bedeutet keinen Aufschub. Gray kann »no perceivable difference«[55] der Effekte ausmachen, keine wahrnehmbare Differenz, die von der Länge der Leitung abhängig wäre. Mit der Übertragbarkeit wird eine Eigenschaft der Elektrizität virulent, die vorher allenfalls implizit bedacht wurde. Ein Körper, der elektrisiert wird, ist »immediately«[56] elektrisch, unmittelbar in allen seinen Teilen, ohne Zeitverzögerung und Transportzeit. Gray benennt mit ›Differenz‹ an dieser Stelle zweierlei: die Wiederholung der Anziehung bei mehreren Versuchen, die gleich bleibt, und den zeitlichen Aufschub, den er nicht zu erkennen vermag. Nichts stört oder verhindert die unmittelbare Gleichzeitigkeit der Übertragung – und doch steht die Differenz der beiden Orte im Garten als räumliche Trennung dazwischen.

Der zwiespältige Status des Kabels spiegelt eben dieses Verhältnis von Verbindung und Trennung: Es ist an beiden Orten anwesend, aber nur, weil sein jeweils anderes Ende abwesend ist. So kann es die Nähe in die Ferne tragen und seine Medien-Funktion ausspielen: indem es eine elektrische Wirkung wiederholt und aufschiebt. Die Übertragung setzt in diesem Sinne eine Differenz, weil sie einen Unterschied macht. Das Kabel erzeugt eine räumliche Differenz zwischen seinen Enden. Ein räumlicher Abstand setzt, so sagen es die Regeln der Physik, eine Zeit voraus, um überwunden zu werden, wenn die Geschwindigkeit nicht instantan ist. Doch Elektrizität ist die Kraft dieser Überwindung, und ob sie Zeit braucht, weiß niemand. Alles deutet darauf hin, dass dem nicht so ist. Die Zeit der Übertragung liegt unterhalb aller Sinnesschwellen und kann deswegen restlos getilgt werden. Elektrische Übertragung ist, so scheint es Gray, zeitlos. Die beiden Ereignisse an den Kabelenden liegen nicht nebeneinander, sind aber durch ein materielles (und nicht nur effluviales oder ätherisches) Medium verbunden, das als Projektionsfläche der Zuschreibung von Unmittelbarkeit und der Aushandlung des Status von Anwesenheit und Abwesenheit gelten kann. Diese Elektrizitätsphysik des Kabels erschüttert die Grundlagen der Wissenschaft, weil es keine instantane Fernwirkung geben darf. Um die Geschichte des Kabels und seiner Übertragungen zu schreiben, ist daher ein Blick auf die Erschütterungen des physikalischen Wissens dieser Zeit nötig.

Mit diesem Kabel-Werden des Drahts gehen einige bemerkenswerte Veränderungen einher: eine neue Zeitdimension der Übertragung und damit verbunden der Speicherung. Das elektrische Kabel vermittelt nur die Anziehung ohne Speicherung und ohne Verarbeitung. Heutzutage muss für die ›Echtzeit‹ und das ›Live‹ von beispielsweise digitalen Fernsehübertragungen jedes übertragene Signal verarbeitet werden, weshalb die Bezeichnung ›Echtzeit‹ trotz der Annäherung von Übertragungs- und

Verarbeitungszeit euphemistisch ist und wie die Rede von einer ›Telepräsenz‹ deren Produktion überspringt. Keine Übertragung ist ›real time‹. Sie ist immer vermittelt, und es ist dieser Aufschub, mit dem seitdem alle technischen Medien operieren.[57] Ihn zu überspringen bedeutet, ihre Mächtigkeit zu übergehen. Mediengeschichte sollte daher Geschichten dieser ›Differenz‹ mitschreiben.

Grays Experimente docken nicht an die Utopien einer Nachrichtenübertragung in die Ferne an, die zu dieser Zeit durchaus im Umlauf sind.[58] Kommunikation im physikalischen Sinne darf nicht mit Kommunikation zwischen Menschen gleichgesetzt werden. Grays Übertragen ist trotz des identischen Experimentalsystems kein Vorläufer der Telegraphie. Der Inhalt von Grays Übertragung ist sie selbst, die Übertragbarkeit. Es gibt keine Funktion oder Verarbeitung, weder im mathematischen Sinne noch im Sinne der Anwendung, und damit nichts Übertragenes als die Übertragbarkeit von elektrischer Anziehung. Sie wird nicht verarbeitet und zeigt durch Anziehung allenfalls, dass sie da ist. Es gibt keinen Inhalt dieser Kommunikation, weshalb sie sich auf sich selbst bezieht und so ihre Eigenschaften herausstellt. Übertragung bedeutet hier, dass am Ende und am Anfang im selben Moment Gleiches geschieht. Sie erscheint instantan, ohne Zeitverlust und Aufschub. Wenn es keine Übertragungsgeschwindigkeit und damit trotz Entfernung keine Trennung gibt, sind beide Körper in ihrer Elektrizität vereint. So kann die Elektrizität nicht nur ›live‹ am anderen Ende ankommen, sondern an beiden Orten anwesend sein.

Erst Jahrzehnte später wird die Zeit der Übertragung als Transport- oder Signalzeit selbst zum Thema, als Messverfahren bereitstehen, die immer genauere Geschwindigkeiten und Verzögerungen anzeigen. Man wird herausfinden, dass jedes Kabel beeinflusst, was es überträgt und dass Widerstand eine Variable der Übertragung ist. Ohne dieses Wissen ist eine Langstreckenübertragung unmöglich. Die Erforschung der Übertragung ist die Erforschung der Telegraphie ist die Erforschung des Kabels ist die Erforschung der Elektrizität. Störungen und der zeitliche Aufschub der Elektrizität, die etwa beim Transatlantikkabel zu Funktionen des Kabels werden, lassen sich nicht wahrnehmen und sind von Messgeräten abhängig, welche die Zeit oder den Raum unterteilen und zählbar machen. Die sinnliche Anschauung, auf der allein Grays Urteil beruht, definiert den Bereich, in dem etwas als ›anwesend‹ bestimmt werden kann. Der zu große und über den Anschauungsraum hinausgehende Versuchsaufbau unterminiert dementsprechend alle Versuche, Geschwindigkeit feststellbar sein zu lassen. Allenfalls zurufen können sich Gray und Wheler, wenn etwas geschieht. Aber sobald sie ihre Stimme erheben, ist es schon geschehen. Deshalb ist es so entscheidend, dass die Anordnungen, die nach Gray gebaut und erforscht werden können – die Geburt des Kabels –, zu groß für die Anschauung sind. Denn solange keine Messinstrumente zur Verfügung stehen, kann die Elektrizität bei solchen Experimenten nur als instantan beschrieben werden. Es gibt grundsätzlich keine Möglichkeit, sie zu überprüfen. Schließlich müsste ein möglicher Rückkanal genauso schnell übertragen wie die Elektrizitätsleitung. Das gilt auch, wenn die Leitung im Kreis verlegt und so beide Enden an einem zugleich beobachteten Punkt zusammengeführt werden. Die Wirkung am einen Ende geschieht demnach simultan mit der am anderen Ende, ganz egal, wie genau die Betrachter beobachten. Durch alle physikalischen Beschäftigungen mit elektrischer Fernwirkung hindurch zieht sich der Anspruch, diese Zeit als physikalisch ›objektive‹ Zeit zu bestimmen und zu messen, als eine Zeit außerhalb der beschränkten Wahrnehmungskapazitäten des Experimentators – und als Zeit des Kabels.

Die Elektrizität scheint keine Ausbreitungsgeschwindigkeit zu haben, sondern immer schon da zu sein, und in dieser Instantanität hat sie Teil an Medienbegriffen, die im 20. Jahrhundert genutzt werden, um die Geschichte eben dieser Medien zu erzählen: »Vergangenheit, Gegenwart und Zukunft verschmelzen zum elektrischen Jetzt«,[59] so Marshall McLuhan mehr als 200 Jahre später. Für ihn schließt im *electric age* instantane, simultane Übertragung die Welt zu einer Einheit ohne Außen zusammen. Diese Ideen können als Nachwirkungen der Instantanität der elektrischen Kabelübertragung verstanden werden. Instantanität bezieht sich schon bei Gray nicht mehr nur auf eine vor Augen stehende, mit einem Blick erfassbare Konstellation, sondern auf die Erweiterung der Übertragung in einen nicht mehr durch die Sinne grundierten Raum. In den Vorstellungen vor allem McLuhans tritt der Kanal zurück, weil die Instantanität der Allgegenwart etwa mit dem globalen Dorf eine Einheit von Individuen erzeugt, in der die Aufschübe und Materialitäten des Kabels aufgehoben werden.

Territorien des Kabels

Der geographische Raum der Übertragung, die Entfernung der beiden Seiten des Gartens, ist nicht identisch mit dem Territorium, welches das Kabel produziert. Denn dieser Raum ist von kleinsten Zeiten oder sogar von gar keiner Zeit abhängig. Der geographische Raum bleibt, wie er ist. Ohne elektrische Übertragung ist das Kabel lediglich ein Stück Draht, das den Raum aber dennoch erschließt. Die Kühe, die unter dem Kabel weiden, lassen sich von der Übertragung nicht beeindrucken. Aber wenn dieser Raum instantan oder nahezu instantan durchquert werden kann, ist er – vereinfacht gesprochen, denn neue Probleme und Möglichkeiten treten hinzu – kein Hindernis mehr und muss neu erfasst werden. Die Trennung in Sender und Empfänger, in Glasröhre und Blattgold, ist nun nicht mehr nebensächlich, weil das Medium zwischen ihnen unanschaulich ausgedehnt ist – und vor allem, weil die Länge des Kabels, wie Desaguliers feststellen wird, für die Zeit der Übertragung irrelevant ist.[60] Die quantitative Verlängerung der Übertragung in den Experimenten Grays impliziert eine massive Veränderung der epistemischen Grundlagen. Die Verräumlichung des Kanals spielt für die Zeit keine Rolle. Egal, wie lang der Kanal ist, das Ende ist immer schon am Anfang. Die Erschließung eines Territoriums durch das Kabel bringt neue Räume hervor und mit ihnen neue Zeitverhältnisse. Sie definieren den Adressierungsraum.

Während die Materialität des Kabels im Raum in geographischen Maßen messbare Distanzen markiert, also Spuren verlegt und eine Ordnung der Entfernung etabliert, umschließt diese die beteiligten Kommunizierenden an Anfang und Ende immer schon, weil sie zwei sind. Materiell bekommen sie einen Platz am jeweiligen Ende des Kabels zugewiesen, der in der Übertragung aus der Ferne zu einem Ort in einem neuen, nicht von der Anschauung grundierten Raumgefüge wird. Lokalisier- und adressierbar ist dieser Ort in beiden Ordnungen: in der geographischen wie in der territorialen des Kabels. Doch in beiden Ordnungen steht er in gänzlich verschiedenen Relationen und grenzt an andere Orte. Die Übertragung eröffnet einen den geographischen abschließenden neuen Raum, in dem die beiden Seiten des Gartens als Adressen aneinandergrenzen wie später bei der ersten Telegraphenlinie Washington und Baltimore oder England und Amerika. Auch wenn die Übertragung instantan geschehen soll, eröffnet seine Materialität auf diese Weise im Raum neue spatiale Verhältnisse, die die Welt zu verändern beginnen.

Die Dauer der Übertragung, nicht unmittelbar gedacht, braucht zwangsläufig Raum, und die Distanz der Übertragung, nicht unmittelbar gedacht, braucht zwangsläufig Zeit. Beide unterliegen einem Aufschub, der ihrer Präsenz widerspricht. Eine Unmittelbarkeit des Kabels lässt das Dazwischen verschwinden und damit auch Raum und Zeit. Durch eine Blickwendung, durch einen Aufschub, durch eine Dissemination, durch eine Störung wird die Leitung beschreibbar. Das Kabel verbindet, wenn es derart in seiner Materialität genommen wird, die beiden getrennten Elemente, ohne sie zu vereinheitlichen. Es macht vielmehr aus ihrer phantasmatischen Einheit qua Unter-Scheidung eine Zweiheit, denn es schiebt in die Einheit ein Intervall. Es ist, darin einem Gedanken Jacques Derridas verwandt, beides gleichermaßen: »[...] diese elementare différance der Zwischen-setzung oder des Intervalls zwischen zwei Oberflächen ist zugleich die Bedingung des Kontakts und die originär verräumlichte Öffnung, die unverzüglich nach der technischen Prothese ruft und sie damit möglich macht.«[61] In anderen Worten: Um A von B zu unterscheiden, muss A bestimmt werden, indem B bestimmt wird, und dies impliziert einen Aufschub. A liegt damit zeitlich vor B und zwischen ihnen liegt das Kabel. Das Kabel ist eine Verräumlichung der Übertragung und damit schiebt es auf, indem es seine beiden Enden als Adressen der Übertragung vorgibt. Dies geschieht durch die Differenz des Raumes: Wo A ist, kann B nicht sein, und deshalb muss es eine differenzierende Distanz zwischen ihnen geben. Zeitlich gesehen kann B auch A' sein. Die Unmittelbarkeit hebt all das auf: Sie macht aus B A und tilgt alle Trennung. Ironisch merkt der Leipziger Kabelforscher Johann Heinrich Winkler 1750 an: »Die Geschwindigkeit der mitgetheilten Electricität hat sich zur Zeit wegen Mangel des erforderten Raums nicht bestimmen lassen.«[62]

Das Kabel ist also gleichsam Maßband, Stoppuhr und Überträger in einem. Es dient nicht allein der Übertragung, sondern (vor allem in den historischen Anfängen) zur Messung dieser Übertragung, ihrer Ausdehnung, Geschwindigkeit und Distanz und zur Erforschung des Raums der Verlegung. Dabei greift es aber in die Übertragung ein, denn wie sich zeigen wird, ist die Geschwindigkeit der Elektrizitätsübertragung relativ zur Länge des Kabels. In diesem Sinne macht es eine Wissensproduktion um die Orte notwendig, an denen es verlegt ist, Wissen etwa um die Erhebungen und Täler, die es durchqueren muss oder die Tiefe des Meeres, in die es hinabgelassen wird. Das Kabel und sein lange Zeit rätselhafter Widerstand sorgen dafür, dass die Wirkung am Ende nicht mit der am Anfang identisch ist, denn es gibt immer, auch bei bester Isolierung, einen Verlust. Dieser ist vorerst nicht messbar, weil entsprechende Instrumente und Größen fehlen oder noch keine Einheiten Raum und Zeit in messbare Bestände verwandelt haben. Im Schatten der Geschichte des Kabels als Medium zwischen Unmittelbarkeit und Vermittlung liegt eine Geschichte des Messens der Elektrizität und ihrer Proportionen.

Der weitere Verlauf der Elektrizitätsforschung ist ohne Kabel nicht denkbar. Was als erster dauerhaft funktionierender elektromagnetischer Telegraph von Carl Friedrich Gauß und Wilhelm Weber in Göttingen im Jahre 1833 bekannt werden wird, ist zunächst nichts als ein Kabelexperimentalsystem, das der Erforschung der galvanischen Kette und der Überprüfung des umstrittenen Ohmschen Gesetzes dient. Bei Georg Simon Ohm erscheint das Kabel bzw. der Draht als Medium der Verzögerung und zeigt eine widerständige Materialität. Sie wird von Ohm formalisiert, was wiederum die Grundlage für die weltweite Ausdehnung der Telegraphie bildet. In der zweiten Hälfte des 19. Jahrhunderts, dem Zeitalter der Langstreckenkabel, die seit Mitte der 1880er Jahre auch für die Übertragung von Energie genutzt werden können, wird das Kabel dank der im globalen Maßstab ausgebauten Telegraphennetze vollends zum Übertragungsmedium und zum Medium der Welterschließung. Vor allem mit der Verlegung von Unterseekabeln entsteht eine eigene Kabelforschung mit Protagonisten wie William Thomson oder Michael Faraday, die nunmehr, in seltsamer Vorahmung späterer theoriepolitischer Verwerfungen des 20. Jahrhunderts, von der Störung ausgeht und nicht vom Gelingen der Kommunikation.[63]

Kurzum: Indem das Kabel die Verräumlichung temporalisiert, indem es den Raum in der Zeit überwindet, erzeugt es eine Zeit zwischen zwei Orten. Das Kabel hat systematisch wie physikalisch notwendig eine rudimentäre Speicherfunktion: etwas, das nicht instantan übertragen wird, muss zumindest kurzzeitig zwischengespeichert werden, weil es während der Dauer der Übertragung irgendwo in irgendeinem Zustand sein muss. Elektrizität und Kabel, später auch Signal und Botschaft, gibt es also nur im Vollzug, in der Performanz, in der Zirkulation. Und nur im Vollzug ist Elektrizität messbar. Am Ende des Kabels soll die Wirkung angekommen sein, die am Anfang hineingegeben wurde. Bei Gray besteht diese Wiederholung allein aus der Wirkung der Anziehung. Doch mit besseren Messinstrumenten, verlässlicheren Elektrizitätsquellen und vor allem dem Umbruch des Elektromagnetismus lässt sich einige Jahrzehnte später diese Wiederholung soweit standardisieren, dass man an die Aufgabe gehen kann, sie mit Signalen auszustatten, was sie letztlich zur Telegraphie macht. Das Kabel verschiebt vorerst nur Wirkungen an die Orte, die ein Draht vorgibt, der deswegen zum Kabel geworden ist.

Daniel Gethmann

Heaviside-Raum*

Noch vor den frühen Experimenten mit elektrischen Telegraphen zeigt sich angesichts der ersten optischen Telegraphenverbindung, die – von Claude Chappe im Auftrag des Nationalkonvents der französischen Revolutionsregierung errichtet – im Jahre 1794 zwischen Paris und Lille über 23 Signalstationen und gänzlich ohne Kabel eröffnet wird, in der Netzstruktur der Kommunikation ein neues diskursives Paradigma. Denn zu deren sich bis zur Mitte des 19. Jahrhunderts sternförmig ausdifferenzierendem Netz, das nur vom Staat und seinen Organen genutzt werden durfte, wird die Überlegung angestellt, zwischen den einzelnen Ortsverbindungen quer verlaufende Linien zu errichten, um so von Sender zu Empfänger mehrere Übertragungswege zu ermöglichen und nicht länger nur von der Überwindung ihrer kürzesten Entfernung abhängig zu sein.[64]

* Eine frühere Version dieses Kapitels ist auf Englisch erschienen unter dem Titel: »Media Space: Networked Structures in Early Radio Communication«. In: Heidi Grundmann/Elisabeth Zimmermann/Reinhard Braun/Dieter Daniels/Andreas Hirsch/Anne Thurmann-Jajes (Hg.): *Re-Inventing Radio. Aspects of Radio as Art*, Frankfurt 2008, S. 179–198.

Der Übergang von der optischen zur elektrischen Telegraphie erweitert diese Netzstruktur dann in einem solchen Maße, dass das System der weltweit verlaufenden Kabelverbindungen auch die Kategorie des Raums mit einem erweiterten globalen Konzept verbindet: Während die optische Telegraphie nach der Französischen Revolution erst die kommunikationstechnische Basis für eine politische Neufassung des nationalen Raums bildet, bringen die telegraphischen Kabelkommunikationsnetze dann in größerem Maßstab die Vorstellung heute so genannter globalisierter Räume hervor. Dass die Konzeption dieser Räume als vom Kabel induziert wahrgenommen wird, macht bereits deutlich, inwieweit mediale Technologien in ihrem Potential über eine bloße Reproduktion gesellschaftlicher Strukturen hinausreichen.[65] Um solche politisch-territorialen Effekte des Kabels bis zu seiner Konfiguration des uns gegenwärtig umgebenden global-medialen Übertragungsraums auf der Basis elektromagnetischer Felder zu verfolgen, ist es notwendig, dieses Ende des Kabels an seinem Übergang zu mobilen Kommunikationstechniken neu in den Blick zu nehmen.

Bereits im Jahre 1858 formuliert der amerikanische Präsident James Buchanan in einer Grußbotschaft an die britische Königin Victoria über das erste, kurzzeitig funktionierende Transatlantikkabel als den entscheidenden Faktor dieses neuen Kommunikationsmittels, das Kabel sei ein technisches

Instrument, um nichts weniger zu erreichen, als »Religion, Freiheit und das Gesetz über die Welt zu verbreiten«.[66] Dieser Diskurs legitimiert in der zweiten Hälfte des 19. Jahrhunderts eine rasante europäische Kolonialexpansion, deren Ausdehnung die Erweiterung des weltweiten telegraphischen Netzwerkes im gleichen Maße fördert, wie sie von ihm abhängig ist. Als ein dezidiertes »Tool of Empire«[67] sind die Telegraphenverbindungen während der ersten Radio-Experimente Guglielmo Marconis im Jahre 1895 bereits so weit ausgebaut, dass man auf ihnen eine Nachricht um die ganze Welt an sich selbst senden kann, wie William Henry Preece, leitender Ingenieur des *British General Post Office* und damit des damals bedeutendsten globalen Telegraphennetzwerks, bestätigt: Die Nachricht werde auf ihrer Reise um die Welt, analog zur auf dem Erdball stehenden Figur, die in der Einleitung angeführt wurde, ausschließlich über Kabelnetze übertragen, das bedeutet, sie würde keine Boten mehr zwischen unverbundenen telegraphischen Strecken benötigen, in circa 56 Stunden um die Erde gelangen und etwa 18 Dollar pro Wort kosten.[68] Rudyard Kipling beschreibt dieses submarine Telegraphennetzwerk 1896 in seinem Gedicht *The Deep-Sea Cables*, in dem er die von diesem induzierte Vorstellung neuer Raumkonzepte in folgende Worte fasst:

There is no sound, no echo of sound, in the deserts of the deep,
Or the great gray level plains of ooze where the shell-blurred cables creep.
Here in the womb of the world – here on the tie-ribs of earth
Words, and the words of men, flicker and flutter and beat –
[…] And a new Word runs between: whispering, ›Let us be one!‹[69]

Der Appell: ›Let us be one‹ ist von den Kabelverbindungen des British Empire und seiner *all-red-line* längst in eine neue politische Realität umgesetzt, deren Widerhall sich nicht nur in Kiplings Lyrik, sondern auch im eher nüchtern formulierten Entwurf des neuen französischen Telegraphengesetzes vom 30. Januar 1900 findet. Als eigentliches Motiv einer gesetzlichen Regelung der Kabelkommunikation mit den eigenen Kolonien führt dieser Gesetzestext nämlich den politischen Effekt des Kabels an, dass England und damit eben das British Empire seinen Einfluss in der Welt wohl doch eher der Telegraphie als der Marine verdanke, wie es darin heißt.[70]

Die Effekte des Kabels auf unsere Raumkonzepte und damit auf unsere Auffassung von der uns umgebenden Realität artikulieren sich somit in einem fundamentalen Bruch zu früheren Ordnungskonzepten, den Michel Foucault so beschrieben hat: »Wir leben im Zeitalter der Gleichzeitigkeit, des Aneinanderreihens, des Nahen und Fernen, des

Nebeneinander und des Zerstreuten. Die Welt wird heute nicht so sehr als ein großes Lebewesen verstanden, das sich in der Zeit entwickelt, sondern als ein Netz, dessen Stränge sich kreuzen und Punkte verbinden.«[71]

Das noch vom Kabel induzierte Verständnis der Welt als ›Netz, dessen Stränge sich kreuzen und Punkte verbinden‹, macht einmal mehr deutlich, in welch hohem Maße die Vorstellungen, die wir uns von der Welt machen, von unseren Kommunikationsbedingungen abhängig sind. Die Strukturen dieses bereits Ende des 19. Jahrhunderts faktisch geschlossenen Netzes aus ökonomischen Interessen und Telegraphenkabeln rund um die Welt mit ihren ortsgebundenen Stationen dynamisieren sich allerdings am Anfang des 20. Jahrhunderts mit der Entwicklung einer medialen Alternative zum Kabel durch die Erfindung des Radios stetig. Die damit verbundene Entgrenzung lokaler räumlicher Strukturen bewirkt, dass die Knoten der Kabelkommunikationsstrecken, die von den ersten *Lines of Communication* bis zu den Atlantikkabeln ein telegraphiegestütztes mediales Dispositiv ausprägen, das an geographisch-konkrete Orte (und Relais) gebunden ist, mit dem Radio zu Beginn des 20. Jahrhunderts bewegliche Punkte miteinander in Kommunikation bringen, die nicht länger ortsgebunden sind, sondern ihre Position im Raum immer wieder neu erfassen.[72]

Dieser Wandel von statischen Kabelstandorten zu Punkten im Raum und ihren dynamischen Funkverbindungen artikuliert in dieser neuartigen Netzstruktur somit einen Bruch zwischen dem konkreten Ort des Telegraphen und den Punkten im Kommunikationsraum. Sobald sich das Prinzip ›wireless‹ aus der Netzlogik des Kabels entwickelt hat, stellt sich daher die Frage, welche Kräfte innerhalb der Netzstruktur die von Foucault angesprochene Vorstellung der Welt als Organismus voller Kabelverbindungen als Nervenstränge, deren hierarchisches Zentrum sicherlich am Ende der *all-red-line* in London lag, zunichte gemacht haben zugunsten einer dynamischen Matrix, in der mobile Punkte ohne Ort und womöglich ohne Ausdehnung sich kommunikativ und netzförmig verbinden?

Einige Jahre vor Guglielmo Marconis ersten Radio-Experimenten hat der Physiker Oliver Heaviside im Jahre 1891 in der Einleitung zu seiner mehrbändigen *Electromagnetic Theory* auf diese Frage bereits ›in James Clark Maxwells Feldtheorie‹ geantwortet, die im Kern eine »theory of dielectric displacement«[73] sei. In der auf Englisch im displacement anklingenden Fähigkeit dieser Theorie zur ›Entortung‹ artikuliert sich deren umwälzende Kraft für unsere Raumvorstellungen, die künftig Maxwells »radiational theory«[74] unterstellt sind. Einer Theorie des elektromagnetischen Feldes also, deren experimentelle Bestätigung durch Heinrich

Hertz in den Jahren 1886–1889 allein durch die Seinsweise elektromagnetischer Wellen und ihrer ubiquitären Verbreitung die Kategorie eines Ortes im Netz der Kommunikation überwindet, wie Heaviside lakonisch anmerkt: »Still, however, the theory wanted experimental proof. Three years ago electromagnetic waves were nowhere. Shortly after, they were everywhere.«[75]

Für beide konträren Seinsweisen des Nirgends und des Überall elektromagnetischer Wellen spielt ein konkreter Ort keine Rolle mehr; vielmehr ersetzen Sender radialer Netze die ehemaligen Kabelkommunikationsrelais, so dass ein multidimensionaler Medienraum entsteht, dessen Eigenschaften in der Vorstellung von Heaviside von einem ihm inhärenten Medium, »continuously filling all space«,[76] gewährleistet werden, das als Bedingung der Möglichkeit dafür Sorge trägt, dass eine Übertragung elektromagnetischer Wellen zwischen zwei beliebigen Punkten im Kommunikationsraum überhaupt möglich ist. Der Ort und damit auch die Materie selbst gibt sich in diesem Konzept nur mehr als eine beliebige, körperhafte Anordnung in einem umfassenden, experimentellen Medienraum zu denken, »which immediately surrounds it«.[77] Das Merkmal seiner allgegenwärtigen Verbreitung läuft allen weiteren raumgestaltenden Faktoren zuvor und unterstellt sie seiner Ordnung. An keinen Standort mehr gebunden, lässt sich daher epistemologisch die Realität, die wir mit dem Namen des ›Feldes‹ bezeichnen, »nicht mehr als ein Komplex von physischen Dingen denken, sondern sie ist der Ausdruck für einen Inbegriff physikalischer Relationen«.[78] Diese Relationen stellen das von Foucault beschriebene Verständnis von der Welt als einem einzigen, großen Organismus in Frage und bilden sie in den relationalen Netzbeziehungen des Feldes neu ab. Die Mechanik der ›physischen Dinge‹ verliert also in dem Maße an Bedeutung, wie die Frage nach dem Potential der Übertragung innerhalb des umfassenden und dichten Medienraums die Suche nach einer optimalen Anordnung ortsgebundener Strukturen in den

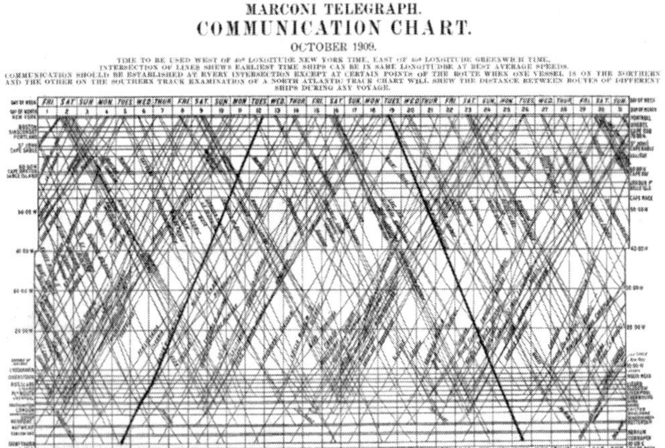

Marconi Telegraph Communication Chart, Oktober 1909, aus: Eugen Nesper: *Handbuch der drahtlosen Telegraphie und Telephonie: ein Lehr- und Nachschlagebuch der drahtlosen Nachrichtenübermittlung*, Band 1. Berlin 1921

Hintergrund drängt, während der sich überall ausdehnende Raum der Übertragung den Übergang von einer stationsgebundenen Kommunikationsform zu einer mehrdimensionalen, dynamischen Adressierbarkeit drahtloser Systeme ermöglicht. In diesem Sinne fügen drahtlose Telegraphie und Telephonie den geschlossenen Netzen mit Kabelverbindung zwischen zwei Orten zunächst die strukturelle Neuerung hinzu, aus Sende- und Empfangsstationen ein offenes Netz zu Schiffen auf dem Meer aufzuspannen, mit dem sich die Kontrolle des Schiffsverkehrs von der Beherrschung der örtlichen Häfen löst.[79] Drahtlose Punkt-zu-Punkt-Kommunikation ermöglicht so eine Adressierbarkeit auch am ortlosen Ort (Foucault), auf dem Meer, wo die Kommunikationsvorgänge in räumlich dynamischen Netzen eine neue Topographie der Passage aus sich bewegenden Punkten konstituieren.

Aus der Analogie, dass sich die elektromagnetischen Wellen dabei den Meereswellen gleichsam anschmiegen,[80] entwirft Heaviside im Jahre 1902 in logischer Konsequenz sein raumtheoretisches Konzept eines multidimensionalen, umfassenden Medienraums, während er seine wohl berühmteste Hypothese formuliert: »There may possibly be a sufficiently conducting layer in the upper air. If so, the waves will, so to speak, catch on to it more or less. Then the guidance will be by the sea on one side and the upper layer on the other.«[81]

Erst die Reflexion der elektromagnetischen Wellen auch in der Ionosphäre, der später so genannten ›Heaviside-Schicht‹,[82] ermöglicht ihre Seinsweise des ›Everywhere‹ gerade durch die Einschränkung ihrer Verbreitung. Ein überall verbreiteter Medienraum um die Erde konkretisiert sich daher erst, als seine unbegrenzte Ausdehnung nicht mehr als unendlich im Raum gedacht wird.[83] Denn erst seine leitfähige Fassung durch die Meeresoberfläche einerseits und die Ionosphäre andererseits erlaubt es einem solchen Medienraum, sich rund um den Globus zu erstrecken. Der Übergang von statischen Kabelstationen zu dynamischen Funkverbindungen lässt sich an diesem Ende des Kabels somit genauer als raumtheoretisches Konzept eines Heaviside-Raums definieren, als multidimensionaler und umfassender Medienraum der Übertragung elektromagnetischer Wellen, wie er sich zu Anfang des 20. Jahrhunderts entfaltet.

Erste Evidenz für dieses neuartige Raumkonzept liefert zu Beginn des 20. Jahrhunderts, am 12. Dezember 1901, ein wichtiger experimenteller und medientechnischer Durchbruch, als Guglielmo Marconi bei St. John's in Neufundland ein Funksignal aus Poldhu in Cornwall empfängt, das der Erdkrümmung zum Trotz den Atlantik überquert hat.[84] Nachdem das Medium Funk im neuen kabellosen Raum sein elektromagnetisches Gesetz des Überall entfaltet und damit verheißt, das mit dem Kabel begonnene Projekt zu vollenden, die Kommunikation künftig vollkommen unabhängig von räumlicher Distanz zu stellen, kann sich einige Jahre später innerhalb des Heaviside-Raums elektromagnetischer Wellen auch der bekannte virtuelle Radioraum entwickeln, dessen zentrales Charakteristikum der deutsche Rundfunkpionier Hans Bredow in seiner Rundfunk-Weihnachtsansprache des Jahres 1924 an das amerikanische Volk so beschreibt:

> Der uralte Menschheitskampf gegen die Schranken von Raum und Zeit ist in ein neues Stadium getreten [...], ist es doch mit Hilfe des Radios möglich geworden, Nachrichten im Bruchteil einer Sekunde über die ganze Erde zu verbreiten. Diese Entwicklung hat dazu geführt, dass wir heute die Welt als gemeinsamen Sprechsaal ansehen können, ganz gleich, ob wir Nachbarn sind oder Antipoden.[85]

Der Metapher des gemeinsamen Sprechsaals oder der »riesige[n] Sprechhalle«,[86] als die Karl Knies die telegraphische Welt schon 1857 beschrieben hatte, liegt die funkräumliche Distanzlosigkeit der Welt zu Grunde, die nach Heavisides theoretischer Konzeption im Dezember 1906 auch ihre stimmliche Realisation erlebt und in Reginald Aubrey Fessendens berühmter erster Radio-Weihnachtssendung mit Geigenmusik und Gedichtrezitation hörbar wird. Fessenden geht es dabei nicht nur um eine kabellose Übertragung der Stimme – dies hatte er bereits am 23. Dezember 1900 erreicht –,[87] sondern um Experimente zur Übertragung der Stimme im Heaviside-Raum.[88] So empfangen am 24. Dezember 1906 Schiffsfunker im Umkreis von mehreren hundert Meilen im Umkreis von Fessendens Sender in Brant Rock, Massachusetts, in ihren Kopfhörern das Signal: *An Alle*. Anstelle weiterer Morsesignalfolgen vernehmen die Funker dann zum ersten Mal »eine menschliche Stimme aus ihren Geräten – jemand sprach! Dann sang eine Frauenstimme ein Lied. Es war unheimlich!«[89] Für diese Sendung spielt Fessenden auf der Geige das Stück *O Holy Night* von Charles Gounod und liest ein Gedicht vor, danach erklingt die phonographische Aufnahme einer Sängerin, die Händels *Largo* singt. Schließlich wünscht Fessenden seinen Hörern »Frohe Weihnachten« und kündigt an, am nächsten Neujahrstag erneut auf Sendung gehen zu wollen. Aus den eingegangenen Empfangsbestätigungen der Funker schließt er auf die große Reichweite seiner Sendung, deren Verbreitung im globalen Heaviside-Raum elektromagnetischer Wellen das eigentliche Ziel seines Experiments darstellt. Für Fessendens Vorhaben lassen sich mehrere Motive anführen: Zum einen erscheint es ihm – verglichen mit den Kosten der Unterseekabel – als sehr rentabel, über den Atlantik hinweg einen kommerziellen Radiodienst anzubieten, den er zunächst für kabellose Telegraphie vorsieht. Aus seiner Kalkulation zieht Fessenden daher im Jahre 1906 eine klare betriebswirtschaftliche Konsequenz, was das Geschäftsmodell seiner *National Electric Signalling Company* betrifft: »only in working across seas that wireless telegraphy can hope for an *immediate* return without the expenditure of several millions of capital. [...] It was for this reason it was decided to commence commercial work in competition with cable companies rather than with landlines.«[90] Um diesen freien ozeanweiten Wettbewerb überhaupt erst möglich zu machen, errichtet er zum anderen im Jahre 1905 eine mit seinem Sender in Brant Rock identische transatlantische Radiostation in Machrihanish, Schottland.

Beide Sender bauen ab dem 10. Januar 1906 mittels eines rotierenden Funkensenders, den Fessenden im Vorjahr erfunden hat, eine drahtlose telegraphische Sende- und Empfangsübertragung auf, die im Verlauf des Jahres zu einem regulären Betrieb während der Nachtstunden führt. Da die Radiostation in Machrihanish am 5. Dezember 1906 während eines Sturms zerstört wird, kann sie nicht wie geplant in die Versuchsanordnung der Radio-Weihnachtssendung mit dem im Sommer 1906 in Brant Rock installierten Hochfrequenzmaschinensender einbezogen werden.[91] Doch die Experimente zur Übertragung der Stimme auf den Heaviside-Raum auszuweiten, wird überhaupt erst zu einer Option, nachdem Fessenden einen vertraulichen Bericht über einen ersten transatlantischen Radiostimmenempfang erhalten hat. Denn als sich während der Nachtstunden im

November 1906 der Techniker Stein in Brant Rock mit einem Kollegen im etwa 18 km entfernten Sender in Plymouth/Massachusetts darüber austauscht, wie der Hochfrequenzsender zu bedienen sei, hört der Techniker Armour in der Radiostation von Machrihanish in Schottland von deren Gespräch »five or six sentences totalling between fifty and one hundred words«[92] mit und verzeichnet die Worte im Empfangsbuch des Senders. Da Armour den Empfang dieses Gesprächs aus dem zukünftigen ›gemeinsamen Sprechsaal‹ auf eine solch unerhörte Reichweite nicht kabellos und damit öffentlich bestätigen will, schickt er Fessenden einen schriftlichen Bericht, dessen Angaben Stein bestätigt. Weil die verwendete Hochfrequenz für die telegraphische Radiokommunikation über den Atlantik mit der für die telephonische Radioverbindung zwischen Brant Rock und Plymouth übereinstimmt, hat der Techniker in Schottland nach Fessendens Aufzeichnungen »overheard Mr. Stein at the Brant Rock station giving instructions by wireless telephone to his assistant at the Plymouth wireless telephone station. [...] After ascertaining these facts, I decided to give a demonstration of transatlantic wireless telephony at the earliest possible moment«.[93] Dieser Moment wird aber nach der Zerstörung der schottischen Radiostation noch lange auf sich warten lassen, und so erwähnt Fessenden diesen ersten transatlantischen Radiostimmenempfang erst zwölf Jahre später erstmals öffentlich, da er zuvor noch weitere Tests durchführen will, um sicherzugehen, dass die Angaben zutreffen: »A program of transatlantic telephonic tests was drawn up, and arrangements were made to carry out a series of telephonic tests between Brant Rock and Machrihanish.«[94] Nach dem Verlust seiner Radiostation in Machrihanish schwindet jedoch die kurzfristige Option, seine Angaben in einer öffentlichen Experimentalvorführung verifizieren zu können. Er beschließt, zunächst über das Vorkommnis dieser außergewöhnlichen Sender-Reichweite zu schweigen. Nichtsdestotrotz erkennt er in ihr eben die neuen Marktchancen für die von ihm entwickelte Radiotechnik: »I believe, however, that there is a field for wireless telephony for long distance lines.«[95]

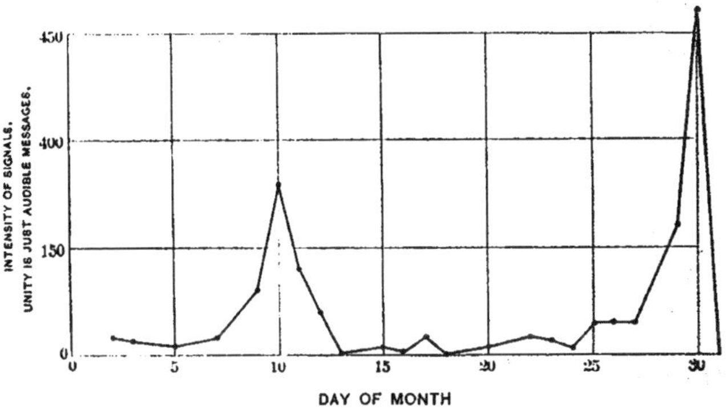

FIG. 47.--Curve showing variation of intensity of transatlantic messages for the month of January, 1906

Diagramm der Signalstärke von Nachrichten zwischen den Fessenden-Sendern in Brant Rock, Mass. und Machrihanish, Schottland, während der Nachtstunden im Januar 1906, aus: Reginald Aubrey Fessenden: »Wireless Telephony«, 1908.

Im Gegensatz zu drahtloser Telephonie von Punkt zu Punkt wendet sich Fessendens berühmte Radio-Weihnachtssendung des Jahres 1906 an alle erreichbaren Funkstationen; der Effekt dieser Sendung besteht darin, den Funk von seiner überwiegend militärischen Nutzung freizusetzen, indem sie erstmals programmatisch die technischen Experimente mit einem Hochfrequenzmaschinensender zur Sprache- und Musikübertragung mit der sozialen Experimentalsituation eines ›öffentlichen Rundfunks‹ *An Alle!* zusammenführt. In der Verbindung des technischen mit dem sozialen Experiment kabelloser Rundfunk-Kommunikation liegt der wesentliche Faktor zur Bildung des öffentlichen Rundfunks, der mit Fessendens Sendung seinen Anfang nimmt und damit gewissermaßen einen Bruch markiert, an dem nach der technischen Vorgeschichte die eigentliche Radiogeschichte beginnt.[96] Zu deren Beginn stehen weder die Inhalte der Sendungen, die Effekte des Rundfunks auf eine Konstruktion und Ausrichtung neuer Hörergruppen,[97] noch gar die Entwicklung von spezifisch radiophonen Kommunikationsformen im Vordergrund.[98] Vielmehr tragen die Effekte einer funkräumlichen Distanzlosigkeit zu einer sozialen Neukonzeption des von drahtlosen Netzen globalisierten Raums bei.

An diesem Ende des Kabels zeigt sich somit bereits ein differenziertes Bild technisch-medialer Experimentalsituationen, das sinnvollerweise weiter zu konturieren wäre, indem aus einer mediengenealogischen Perspektive die Diskontinuitäten ihrer weiteren historischen Entwicklung, die Schwellen und Verbindungen untersucht werden, die am Ende des Kabels zu finden sind. Ausgehend vom Bruch zwischen einem konkreten Ort des Telegraphen und den Punkten im Kommunikationsraum ist es dabei weniger vordringlich, einen bereits häufig konstatierten Beginn des ›öffentlichen Rundfunks‹ durch Fessendens Weihnachtssendung erneut zu betonen. Eher erscheint es an der Zeit, die kabellose Punkt-zu-Punkt-Kommunikation aus einer Perspektive zu lösen, die sie bloß hinsichtlich ihrer vermeintlichen ›Vorläuferschaft‹ für die Errichtung eines virtuellen Radioraums mittels *broadcasting* in den Blick nimmt.[99] Denn dabei bleibt unkenntlich, dass jene noch dem Paradigma lokaler Kabelstationen verwandte Kommunikationssituation an diesem Ende des Kabels vielmehr ein eigenständiges Radio-Dispositiv im Heaviside-Raum ausbildet, dessen Entwicklung sowohl mit dem späteren öffentlichen Rundfunk verbunden ist, wie auch gleichzeitig interessante Verbindungen zur früheren Kabel-Kommunikation hinsichtlich einer Weiterentwicklung ihrer Raumkonzepte aufweist. Anstatt also die Entwicklungsphasen der Radiogeschichte so zu überblenden, dass ihre teleologische Analyse nur den jeweiligen Nutzen für die spätere Etablierung eines öffentlichen Rundfunks in den Vordergrund des Erkenntnisinteresses stellt, bietet ihre Differenzierung in unterschiedliche mediale und kommunikative Dispositive innerhalb einer diskontinuierlichen Mediengeschichte die interessante Option, diejenigen strukturellen Elemente zu identifizieren, die an diesem Ende des Kabels vom technologischen Wandel zum globalen ›Everywhere‹ wenig verändert werden, um diese Entwicklung dann abschließend hinsichtlich ihrer jeweils spezifischen sozialen und politischen Machteffekte in den Blick zu nehmen.

Als das Radio in seiner zweiten Phase ab 1906 stärker als Apparatur zur ›drahtlosen Telephonie‹ aufgefasst wird und sich der virtuelle Radioraum innerhalb des Heaviside-Raums auszuprägen beginnt,[100] zeigt sich deren beider Überlagerung auch darin, dass sich die kommunikativen Strukturen der aus dem Kabel und der Telegraphie hervorgegangenen *point-to-point*-Kommunikation mit der des radiophonen *one-to-many*-Prinzips kreuzen. Als frühe nichtmilitärische Nutzung des Radios bildet der Seefunk das Feld dieses Experiments mit öffentlichen Kommunikationsformen: Reginald Aubrey Fessenden lädt mit publizistischem Gespür eben nicht nur Fachkollegen und die lokale Fachpresse zum Empfang seines ›kabellosen Telephonsystems‹ zwischen Brant Rock und Plymouth, Massachusetts ein,[101] sondern wandelt diese öffentliche Punkt-zu-Punkt-Experimentalvorführung auch zur ersten Radiosendung, indem er per drahtloser Telegraphie drei Tage vor Heiligabend 1906 alle erreichbaren Militär- und Schiffsfunker auf seine Radio-Weihnachtssendung aufmerksam macht.[102] Aus diesem Grund gibt es neben den Funkern der US-Navy und den eingeladenen Journalisten noch eine dritte bekannte Hörergruppe, deren Arbeitgeber Fessendens Sendung zum Anlass nimmt, seine Radionutzung radikal zu überdenken: die Schiffsfunker der Bananenhandelsfirma *United Fruit Company* (UFCO).

Diese 1899 in Boston aus mehreren kleineren Firmen gegründete Gesellschaft übernimmt rasch die Marktführerschaft im Bananenhandel und entwickelt sich zu einem der ersten transnationalen Konzerne, während sie umfangreichen Landbesitz in Mittelamerika und der Karibik erwirbt und zudem eine Firma zur Abwicklung ihrer internationalen Kommunikation aufbaut.[103] Die unzureichenden telegraphischen Kabelverbindungen in der Region und eine komplexe Produktions- und Transportlogistik machen Pionierarbeit in drahtloser Kommunikation nötig.[104] So installiert die Firma bereits im Jahre 1904 zwei De Forest-Radiosender in Puerto Limón, Costa Rica und in Bocas del Toro, Panama, als erste Radiostation Mittelamerikas.[105] Im Jahre 1907 verwendet UFCO zur Ausrüstung ihrer Schiffe auch Radiogeräte von Reginald A. Fessenden, der nach seiner ersten Radiosendung zahlreiche Empfangsbestätigungen von Schiffsfunkern erhält, die bei der zweiten Sendung an Neujahr sogar von den Schiffen der UFCO aus der Karibik gekommen sein sollen.[106] Dorthin scheint eine direkte Radioverbindung mit Fessendens Apparaturen erstmals im Bereich des technisch Möglichen. Im Juli »1907 gelang ihm eine drahtlose Uebertragung auf 320 km von Brant-Rock nach Jamaika (Long Island)«.[107] Auf den Schiffen der UFCO ist die Sendung wiederum gut zu empfangen, so dass sich die Firma ausgerechnet von diesen ersten *broadcasting*-Experimenten überzeugen lässt, in die Punkt-zu-Punkt-Kommunikationstechnik zu investieren. Als entscheidend dafür ist die ungleich höhere Reichweite von Fessendens Sende- und Empfangstechnik für drahtlose Telegraphie anzusehen:

> Experiments were then made between Brant Rock and the West Indies, a distance of 1700 miles, during the spring and summer of 1907. It was found that [...] while there was great absorption for frequencies of 200,000 there was comparatively little absorption for frequencies in the neighborhood of 80,000 and messages were successfully transmitted in daylight with this latter frequency. No messages were received in daylight with the higher frequency, though messages transmitted from the same station and with the same power and frequency were officially reported as having been received at Alexandria, Egypt, a distance of approximately 4000 miles.[108]

Diese enorme Reichweite, die Fessenden beim Treffen des *American Institutes of Electrical Engineers* am 29. Juni 1908 in Atlantic City/New Jersey auch für »wireless telephony for long distance lines«[109] als Ziel formuliert, bewegt die UFCO dazu, einen

Großauftrag an Fessenden zu vergeben und parallel dazu bereits vor Lee De Forests Erfindung der Audionröhre ihr eigenes »Invisible Empire of the Air«[110] aufzubauen. Dessen Aufbau kennzeichnet sich allerdings weniger durch ein technisches als vielmehr durch ein soziales Experiment des Rundfunks, das im globalisierten Raum eine neue sozioökonomische Ordnung etabliert, die sich auf die medialen Technologien stützt, die für die Entstehung dieses Raumkonzepts entscheidend sind. In der von Mack Musgrave, dem ersten Leiter des *United Fruit Telegraph Service*, verfolgten Radiostrategie erscheinen so die Effekte der funkräumlichen Distanzlosigkeit im Dienste einer zuvor nicht gekannten ökonomischen und politischen Expansion der Firma. Indem dieser Entwicklungsschritt seine drahtlose Netzstruktur allerdings im hierarchischen Raumgefüge der Kabeltelegraphie ausgehend von einer Zentrale und ihren Verbindungsstationen – eben als Punkt-zu-Punkt-Kommunikation – realisiert und Fessendens *broadcasting* als bloße PR-Maßnahme für seine Übertragungstechnologie wertet, führt er exemplarisch vor, in welchem Maße die Entstehung neuer politischer und ökonomischer Strukturen auch mit frühen Radionetzen zusammenhängen: Die UFCO errichtet nämlich bis zum Jahr 1908 ein Radiostationsnetz von Bluefields und Rama in Nicaragua über Guatemala nach Cape San Antonio auf Cuba, das mit einer größeren Station in New Orleans,

Louisiana, Kontakt über eine 1907 von der UFCO installierte Relaisstation in der Karibik auf dem etwa 1500km südlich von New Orleans gelegenen, kleinen Swan Island aufnehmen soll.[111] Gleichfalls wird die seinerzeit 25 Schiffe umfassende Firmenflotte mit dem neuen System ausgerüstet, das Fessendens Sender in Brant Rock bei guten Wetterbedingungen weiterhin auch in den karibischen Radiostationen hörbar macht. In Mittelamerika soll zunächst noch mit Morsecode telegraphiert werden, doch gilt die Option dem Sprechverkehr, für den Fessenden erneut einen Großauftrag erhält.

Eine solche Netzstruktur der Radiokommunikation in der Karibik und Mittelamerika ist zuvor nur von militärischen Stellen in staatlichem Auftrag eingerichtet worden, um die vorhandene Kommunikationstechnologie der geschlossenen Telegraphenkabelnetze zu umgehen oder gar zu übertreffen. In diesem Sinne bezeichnet der Leiter der Radioabteilung des *US-Navy Bureau of Equipment*, Cleland Davis, die Radiotechnologie im Jahre 1909 beim Auftrag der US-Navy an R.A. Fessenden zum Bau des bis dahin stärksten Radiosenders Amerikas in Arlington/Virginia als eine Möglichkeit, um den telegraphischen Kabelverbindungen des britischen Empire eine »imperial chain«,[112] eine Kette drahtloser Stationen, entgegenzusetzen, wie sie die UFCO bereits errichtet hat.[113] In diesem Zusammenhang argumentiert der Technikhistoriker James Schwoch, dass das Radio erst im Zusammenspiel von staatlichen und privatwirtschaftlichen Unternehmungen zu einer Schlüsseltechnologie der politischen und ökonomischen Expansion Amerikas während der ersten Jahrzehnte des 20. Jahrhunderts wird.[114] Dabei bildet es die kommunikative Grundlage für die Entstehung neuer multinationaler Herrschaftsstrukturen, die im Falle der UFCO eine zuvor nur von souveränen Staaten bekannte ökonomische Größe und politische Macht entfaltet.[115] Auf dem Weg dorthin erweitert die Firma im Jahre 1913 unter der Leitung von George S. Davis, dem neuen Manager der UFCO-Radioabteilung, ihr eigenes Geschäftsmodell und gründet die Tochterfirma *Tropical Radio Telegraph Company*, die rasch an der Spitze der damaligen Anlagentechnik für Übertragungs- und Empfangstechnologie liegt.[116]

Bis 1921 investiert die Firma annähernd 4 Millionen Dollar in die Radiotechnik und somit in die Kontrolle ihrer Besitzungen in Mittelamerika und der Karibik[117] – mit größeren, zusätzlichen Sendern in Santa Marta (Kolumbien), Cape Gracias á Dios (Honduras), Costa Rica, Panama, Cuba, Guatemala, Jamaika und Nicaragua – sowie in die Kommunikation mit der sogenannten ›Great White Fleet‹ ihrer Passagierdampfer. Nach dem Ende des Ersten Weltkriegs ist *Tropical Radio* wegen dieser Investitionen und ihrer reichen Erfahrungen im Einsatz der Technik in tropischen Klimaverhältnissen, die ihr bei technischen Eigenentwicklungen zugute kommen, in der Lage, bei den Verhandlungen über die Aufteilung des amerikanischen Rundfunks und die Bildung eines ›Radio-Trusts‹ gleichberechtigt mit am Tisch zu sitzen. Die UFCO gehört daher mit ihrer *Tropical Radio Company* zu den Gründungsmitgliedern der *Radio Corporation of America* (RCA), von der sie 4,1 Prozent der Anteile hält und die Mittel zur Kontrolle ihrer Besitzungen um staatliche Nachrichtenkanäle ergänzt.[118] »From a money-losing subsidiary of the banana business the company by 1920 had launched itself on a program that would make it the dominant international communications company in the region by the end of the decade.«[119] Ihre ökonomische Strategie ist erfolgreich, denn es gelingt *Tropical Radio* nicht nur, in entlegenen Küstenregionen Mittelamerikas Radiostationen zu betreiben, sondern durch aggressive Diplomatie in sämtlichen Ländern der Region überregionale Sender in der Nähe der jeweiligen Hauptstädte aufzubauen, die für den öffentlichen internationalen Nachrichtenverkehr zugelassen werden. Im Jahre 1928 führt *Tropical Radio* daher in allen mittelamerikanischen Ländern deren internationale Radiokommunikation als *point-to-point*-Kommunikation durch, so dass die expansive erste Gründungs- und Aufbauphase der UFCO seinerzeit mit einer starken Weltmarktposition sowie ihrer Monopolstellung in der Bananenausfuhr Costa Ricas, Guatemalas und Panamas endet, was mit substantiellen Investitionen in die

Transportinfrastruktur (Schiffs- und Eisenbahnlinien) und der Kontrolle der internationalen Kommunikationsnetze in ganz Mittelamerika verbunden ist.

Während der multidimensionale Medienraum der Übertragung also längst die ›*imperial cable communication*‹ aus dem 19. Jahrhundert überlagert hat und sich ausdifferenziert, wandelt sich deren Paradigma kabellos zu einer Firmenstrategie auf globalen Märkten, die darauf basiert, dass die Orte der Kabeltelegraphie im funkräumlichen Überall der Punkt-zu-Punkt-Kommunikation aufgehen. Den Funkexperimenten der UFCO kommt somit eine Schlüsselrolle in der Transformation von Herrschaftsmodellen des 19. Jahrhunderts zu, die eine Netzlogik des Kabels in den Zusammenhang von Kommunikationsmedien und ökonomischer Hegemonie im kabellosen Medienraum der Übertragung des 20. Jahrhunderts überführen. Das von ihrer Machtstellung ermöglichte Experiment einer sozialen Neukonzeption im Kontext postkolonialer Ökonomien bringt dabei schließlich zu Bewusstsein, dass es keineswegs ausreicht, nur die Übertragung von der Überwindung der kürzesten Entfernung zu entkoppeln, um die technische Utopie vom großen globalen Miteinander im Überall funkräumlicher Verfügbarkeit zu verwirklichen.

Materialität der Medien

> Das Gebiet des menschlichen Wissens, das sich an das elektrische Kabel knüpft, ist ein so ungeheuer großes, daß kaum ein Mann zu finden ist, der es vollständig beherrscht.[120]

An diesem drahtlosen Ende des Kabels steht eine bis in die Gegenwart wirksame Öffnung des Adressierungsraums. Seine raumgebenden Funktionen und vereinzelnden Effekte sind ebenso wie die vereinigenden Phantasmen ohne die Geschichte des Kabels kaum zu verstehen. Adressierbar sind mit der drahtlosen Telegraphie und dem Radio alle Empfangsgeräte (die durch Kabel an das Stromnetz angeschlossen sein müssen) innerhalb der elektromagnetischen Reichweite. Die Formen elektrischer Anwesenheit betreffen nicht mehr Orte, an denen Geräte eingeschaltet werden oder Kabel in Apparaturen enden, sondern Felder, die den geographischen Raum überlagern und die Verhältnisse seiner Lokalitäten als Bausteine einer größeren, letztlich globalen Ordnung neu konfigurieren. So ist mit der drahtlosen Telegraphie und dem Radio aus der Anwesenheit eines Ortes anderswo – einer Zweiheit der Kommunikation an beiden Enden des Kabels – eine relationale Lagebeziehung geworden, die sich im Feld elektromagnetischer Verteilung situiert. Der Empfänger kann sogar in Bewegung sein wie die Schiffe der *United Fruit Company*. Solche Dispositionen werden dort wirksam und Verbindungen hergestellt, wo Geräte die richtige Frequenz empfangen und dadurch adressiert werden. Die Übertragung ist zum Dauerzustand des Empfangs geworden. Empfang bedeutet nicht mehr das Vorhandensein eines Kabelendes. Dieses Ende ist vielmehr in der Adresse aufgegangen, die nunmehr dadurch zustande kommen kann, dass Frequenzen übereinstimmen.

Potentiell, darin unterscheidet er sich vom Kabelraum, liegt dieser Übertragungsraum – mit Heaviside gesprochen – überall und ist zwar für beliebig viele Empfänger, aber nur auf der passenden Frequenz anschlussfähig. Damit verschiebt sich die räumliche Aufteilung von Distanzen abermals. Der kabellose Raum ist gleichermaßen ortlos wie der Kabelraum: das Kabel hat in dem Sinne, dass es jeden Raum belegen und territorialisieren kann, zwar Enden, dazwischen entgrenzt es aber den Raum und begrenzt ihn neuerlich an seinen beiden Enden; das Feld ist hingegen in dem Sinne ortlos, dass es Orte überzieht, die nur zusammenkommen, wenn es Übertragung gibt. Mit der Nutzung mehrerer Frequenzen oder Sender lässt es zugleich die ganze Bandbreite an Angeboten, Sendungen und Übertragbarkeiten möglich werden. In der Ortlosigkeit teilen diese Räume die Überschreitung ihrer Begrenzung durch die Verlängerbarkeit des Kabels. So wie das Kabel an keine Entfernung gebunden ist und seine Ausdehnung nicht mit der Distanz seiner materiellen Länge und noch weniger mit der Zeit der Übertragung konvergieren muss, ist das Feld gleichermaßen als ein Territorium der Relationen in die Topographie hineingelegt, aber von der Geographie abgelöst, die der Verlegung zugrunde liegt. In diesem Sinne handelt es sich um einen grenzenlosen, aber keineswegs unendlichen Medienraum der Übertragung in elektromagnetischen Feldern, in denen Adressen durch den Empfang lokal aktualisiert werden.

An dieser Stelle würde ein genauerer physikhistorischer Blick weitere Änderungen zu Tage treten lassen. Quer zu diesen Verschiebungen und Kontinuitäten der Materialität der Übertragungsräume liegt der Übergang vom Takt zur Frequenz als Materialitäten der Signalgebung: Im Kabel braucht es eine möglichst genaue Unterscheidung von aufeinanderfolgenden Zuständen, also Takt, im Feld hingegen wird die periodische Folge von Schwingungen zum Parameter des Kanals. Die Geschichte dieses Übergangs wiederum bleibt ohne die Geschichte von Kabelräumen und Adressierungsfeldern bodenlos, und sie zu erzählen wäre der nächste Schritt einer fortgesetzten Mediengeschichte des Kabels.

Ihre ersten Schritte sind den hier vorgestellten Überlegungen zu entnehmen. Der neuartige Raum, den Gray von Ort A an Ort B grenzen ließ, ist schließlich zum Feld geworden, ohne den Kabelraum dadurch aufzuheben. Was diese beiden Enden der Kabelgeschichte miteinander verknüpft und sie gleichsam ineinander spiegelt, ist die Öffnung der Entfernung: aus Distanzen werden Nahverhältnisse, deren sozialer, ökonomischer und kultureller Status zunächst im Unklaren verbleibt und in langfristigen Prozessen ausgehandelt werden muss. Die Vorstellung von einer kommunikativen Überbrückung von Entfernungen erhält hier einen neuen Status, weil mit der Zeit der elektrischen Übertragung Nah und Fern im gleichen Prozess der Adressierung aufgehen und damit Lokales und Globales ineinanderzugreifen beginnen.

Was damit auf dem Spiel steht, zeigen schon die häufig aus historischer Sicht beschriebenen Neuordnungen der globalen Machtverhältnisse. Sie basieren auf den bekannten Medienwechseln der Industrialisierung, deren materielle, infrastrukturelle und bis zu einem gewissen Grad auch epistemologische Grundlage neben der Eisenbahn das Kabel bildet. Die Adressierungsräume, Verhältnisse von An- und Abwesenheit und Verteilungsstrukturen von Lokal und Global, die neu ausgehandelt werden und deren

Austarierung zahlreiche andere Bereiche involviert, können vom Kabel her gedacht und so nach dem Medienwandel auch als Leitmotive des kabellosen Raums der Felder verstanden werden. Diese Infrastrukturen gehen noch heute, wo wir von kabellosen Netzwerken, ubiquitärer Adressierbarkeit und vielleicht bald sogar drahtloser Stromversorgung umgeben sind, als Medien zugrundeliegende Medien allen Endgeräten und Anwendungen voraus. Um ihre Verteilungsmacht, ihre historischen Brüche – vielleicht auch die, die erst noch kommen – und die Interventionen ihrer Materialität zu verstehen, hilft ein Blick, der bis zu jenem Sommertag des Jahres 1729 zurückschaut. Eine damit konzipierte Archäologie des Übertragungsraums ist gleichzeitig eine Archäologie der vermeintlich simultanen Räume, die die gegenwärtige Lage medialer Weltdurchdringung kennzeichnen. Wenn, so eine populäre, mit der Telegraphie erstmals aufgekommene und heute wieder aufgenommene Rede, die elektrischen oder elektronischen Übertragungsmedien ›the death of distance‹[121] sind, etablieren sich neben den damit durchgestrichenen räumlichen Distanzen, die nicht länger als limitierender Faktor gelten können, auch prekäre Distanz-Nähe-Verhältnisse im Raum und in der Zeit technischer Medienkommunikation, welche Distanz zugleich voraussetzt und aufhebt.

Mit den technischen und ökonomischen Innovationen des 19. Jahrhunderts werden, so hat es James

Beniger in *The Control Revolution* detailliert geschildert, die Kontrollmöglichkeiten prekär und parallel dazu neue Beziehungsformen produktiv.[122] Die ›Hand des Staates‹ kann noch weniger als die Hände der Wirtschaft überall dort eingreifen, wo sie benötigt wird, geschweige denn Schritt halten mit den technischen Neuerungen. Die Notwendigkeit der Kontrolle bezieht sich nicht mehr nur auf die erreichbare Umgebung oder die *face-to-face*-Absprachen zwischen Akteuren, sondern auf Orte, die räumlich entfernt liegen und deshalb zeitkritische Medien benötigen, um ihre unterschiedlichen Zeitebenen – zeitversetzt und simultan zugleich – auf einen Nenner zu bringen. Kontrolle als die Fähigkeit, an anderen Orten Macht auszuüben, hängt in immer stärkerem Maße von Übertragungsgeschwindigkeiten ab – möglichst schneller als die Eisenbahn oder das Schnellboot zu sein, schneller also als der materielle Transport der Waren. Zugleich beginnen Fabriken mit den neuen Transportwegen der Eisenbahn, ›on the fly‹ zu produzieren, also Werk- und Rohstoffe sofort nach der Lieferung zu verarbeiten, anstatt sie zu lagern. Dafür muss deren zeitkritische Verteilung sichergestellt werden, und dazu braucht es eben Kommunikation, die schneller ist als der Transport: elektrische Telegraphie per Kabel. Die Krise der Kontrolle, von der die Mitte des 19. Jahrhunderts geprägt ist, weil zwar Güter schnell verschickt, aber ihre Verwendung und Verarbeitung nicht kontrolliert werden können, wird durch die telegraphische Übertragung besänftigt. Damit lassen sich auch Verfahren entwickeln, um an anderen Orten zeitgleich Macht auszuüben. Mit der elektromagnetischen Telegraphie wird die von Beniger so genannte *information society* begründet, deren mediale Territorien durch Programmierung und Kontrolle definiert sind.[123] Telegraph und Eisenbahn erlauben im Verbund mit modernen Verkehrswegen und Kabelnetzen somit ein Kontingenzmanagement durch Kontrolle und Zeitbeherrschung: »Distance as a ground of uncertainty will be eliminated from the calculation of the statesman and the merchant.«[124] Die Sicherheit der Kontrolle basiert auf der Geschwindigkeit des Kabels und später den Frequenzen seiner Felder. Mediale Verteilungsstrukturen der Kommunikation stellen Umgangsweisen für die Unsicherheiten bereit, die zwischen getrennten, fernen Kommunikationspartnern liegen, übergehen in der Herstellung dieser Sicherheiten aber womöglich, dass ihre eigene Herkunft aus der Unsicherheit ein Durchstreichen der Distanzen im entgrenzten Medienraum impliziert.

Mit der begrifflichen Bestimmung des Territoriums elektrischer Verteilung, das weiterhin durch Aushandlungen einer relationalen Definition von Nah und Fern gerahmt wird, können eine Genealogie der Übertragung und eine Archäologie ihrer Materialität in Angriff genommen werden – eine Genealogie für die Gegenwart, in der mit *ubiquitous computing* die Adressierbarkeit zur Allgegenwart der Erreichbarkeit geworden zu sein scheint. Doch die Rede von der Allgegenwart, der Ubiquität oder der Simultanität droht die feingliedrigen technischen Prozesse zu verdecken, die im Hintergrund des allgegenwärtigen Rauschens unermüdlich Adressierbarkeit produzieren, Distanzen berechnen und die Modi medialer Welterzeugung radikal neu gestalten. In der Praxis der beständigen Aushandlung von Verteilungen, die technische Entwicklungen wie GPS oder RFID mit sich bringen, liegt die Kontinuität der hier beschriebenen räumlichen Effekte, die von den ersten Kabelverlegungen bis in die Gegenwart elektromagnetischer Verteilung ausgehen. Die Praxen dieser Aushandlung in materieller, sozialer und ökonomischer Hinsicht formen die Territorien elektrischer Medien und ihrer Übertragungen, mithin also Raumstrukturen, die vom geographischen Raum losgelöst, doch in ihn hineinverlegt und in ihm wirksam sind. Ihre Strukturen sind Machtstrukturen, weil sie An- und Abwesenheit im Raum organisieren.

Die Analyse dieser medialen Territorien erfordert in dreierlei Hinsicht besondere Aufmerksamkeit: Erstens bezüglich des Wechselspiels geographischer und elektrisch-territorialer Räume, das in der Verlegung von Kabeln am Meeresboden, der Erforschung elektromagnetischer Felder oder der Ortbarkeit von und durch Satelliten zum Tragen kommt. Zweitens hinsichtlich der Adressierung, die innerhalb des Territoriums Orte aneinandergrenzen lässt, die geographisch getrennt sind und dadurch den Adressierungsraum des Kabels einräumen, innerhalb dessen An- und Abwesenheit distribuiert wird. Und schließlich drittens in Bezug auf die Öffnung, die den Adressierungsraum von zweipoligen Verbindungen zu Netzen und Feldern erweitert und Takte um Frequenzen ergänzt.

Werden diese Ebenen außer Acht gelassen, so entzieht man sich damit auch die Möglichkeit der Beschreibung jenes Medienraums der Übertragung, den Kabel seit 1729 eingeräumt haben. Insbesondere angesichts des Komforts vermeintlich immaterieller Formen der Kommunikation, die mit der Verbreitung mobiler Medien verfügbar geworden sind, droht dieser Zusammenhang aus dem Fokus zu geraten. Ihn nicht mehr zu beachten, hätte zumindest zwei direkte Folgen: die Machtverhältnisse der Informationsverteilung wären der historischen Entwicklung jener Räume enthoben, in denen sie wirksam werden.[125] Zudem können mit einer Vernachlässigung des Übertragungsraums Medien selbst aus dem Blick geraten. Werden Medien in Kontinuität zu den nationalen und globalen Einheitsdiskursen aus der Etablierungsphase der Telegraphie von der Einheit – »Let us be one!« – und dem Gelingen her gedacht, dienen sie also als »Mittler menschlicher Allgegenwart«,[126] so implizieren sie die Überwindung dessen, was sie voraussetzen.

Mit dem Kabel und seinen Besetzungen wird die durch Übertragungsmedien ausgelöste Geschwindigkeitssteigerung als gesamtkultureller Vorgang der Beschleunigung zum Movens der Moderne ernannt. Elektrische Verbundenheit wird zur Substanz von Weltgemeinschaften, deren lokale Ordnung in die globale übergeht: »The globe is now in electric union«.[127] Wenn Kabel also die Welt in dem Sinne verbinden, dass sie ein ›mit sich selbst‹ dieser Welt denkbar machen, ein »each with all«,[128] wie es genannt worden ist, dann erschließen sich die Medienräume diese Welt auf der Basis von den gekabelten Verbindungen: in ökonomischer Hinsicht, weil das Kabel den Globalisierung genannten Prozess in Gang hält; in imaginärer Hinsicht, weil es dabei ein Bild der weltweit verbundenen Menschheit hervorbringt und mit Verbindungen füllt; in materieller Hinsicht, weil seine Verlegung im großen interkontinentalen wie im kleinen häuslichen Maßstab die Raumnahmen technischer Medien prägt. Die damit verbundene Distanz, ihre Abgründe, Aufschübe und Differenzen zugunsten einer Unmittelbarkeit zu negieren, macht Medientheorie aber in letzter Konsequenz raum- und zeitlos: Wenn Elektrizität als instantan konzeptualisiert wird, wie es etwa Marshall McLuhan, Paul Virilio oder Manuel Castells tun,[129] für die das durch das Kabel verschickte Signal im selben Moment ankommen soll, wie es abgesendet wird, verliert sich die Materialität des

Kabels in einer Zeitlosigkeit, die auch den Raum negiert, in dem es verlegt ist.

Führt somit die Rede vom ›Verschwinden des Raums‹ als phantasmatische Aufarbeitung elektrischer Übertragung, also die »annihilation of space and time by electronic means«,[130] »transmitted instantaneously by electricity«,[131] eher zum Verschwinden des Mediums, das die Entgrenzung des Raums überhaupt erst ermöglicht hat, so wäre im Gegenzug der kulturwissenschaftliche *spatial turn*, der solch einem ›Verschwinden des Raums‹ in der Theoriebildung entgegensteht, um einen dezidiert medienwissenschaftlichen *spatial turn* zu erweitern. Zu ihm leistet die Geschichte des Kabels einen Beitrag. Im Blick auf die historischen Konstellationen, in denen Drähte zu Kabeln und Kabel zu Medien wurden, wäre dabei zu berücksichtigen, dass eine solche Mediengeschichte des Raums als Übertragungs- und Adressierungsraum nicht ohne Beachtung der Materialität von Medien zu schreiben ist. Andernfalls würde nämlich das am Kabel zu konstatierende Verschwinden von Medien, die in ihrem Vollzug unsichtbar werden, auch für deren Analyse wirksam bleiben.

Fasst man angesichts der Geschichte des Kabels Medien nicht als fremdbestimmte Instanzen, sondern aus der Perspektive des hier veranschlagten Blickwechsels die medialen Verbindungen als Akteure, bedeutet das schließlich keineswegs, die an eine solche mediale Verbindung wiederum angeschlossenen Medien als bloße Endgeräte zu vernachlässigen. Doch angesichts des Missverhältnisses zwischen den zahlreichen Untersuchungen der an Kabeln hängenden Einzelmedien und denen zum Kabel selbst schlagen wir aus medienwissenschaftlicher Sicht einen Blickwechsel vor, der mit den *Medien der Medien* auch die ihnen zugrunde liegenden Dispositive und Infrastrukturen aus materiellen, ökonomischen oder imaginären Wissensformationen untersucht, aus welchen die Materialität der Kommunikation in der Gegenwart hervorgeht.

Anmerkungen

1 Vgl. dazu Erich Hörl (Hg.): *Die technologische Bedingung. Beiträge zur Beschreibung der technischen Welt*, Frankfurt/Main 2011.

2 Zu den jüngsten Arbeiten des *spatial turn* auf diesem Gebiet vgl. Jörg Döring/Tristan Thielmann, (Hg.): *Mediengeographie. Theorie - Analyse - Diskussion*, Bielefeld 2009.

3 Zum medienwissenschaftlichen Blick vgl. Marshall McLuhan: *Understanding Media. The Extensions of Man*, New York 1964; Friedrich Kittler: *Grammophon Film Typewriter*, Berlin 1986; Michel Serres: *Der Parasit*, Frankfurt/Main 1987.

4 Bruno Latour: *Wir sind nie modern gewesen. Versuche einer symmetrischen Anthropologie*, Frankfurt/Main 2008, S. 156.

5 Erste Überlegungen dazu bietet auch Peter Bexte, der die Geschichte des Kabels mit Luigi Galvani beginnen lässt: Peter Bexte: »Kabel im Denkraum«. In: Arthur Engelbert/Manja Herlt (Hg.): *Updates. Visuelle Medienkompetenz*, Göttingen 2002, S. 17–44. Vgl. aus zeitgenössischer Perspektive Caspar Baur: *Das elektrische Kabel*, Berlin 1903.

6 Zum Medien-Werden vgl. Joseph Vogl: »Medien-Werden. Galileis Fernrohr«. In: Lorenz Engell/Joseph Vogl (Hg.): *Mediale Historiographien*, Weimar 2001, S. 115–124.

7 Vgl. Hugo Theodor Horwitz: »Das Relais-Prinzip«. In: Ders.: *Das Relais-Prinzip*, Wien 2008, S. 77–117.

8 Vgl. Peter Hugill: *Global Communications since 1844. Geopolitics and Technology*, Baltimore 1999; James W. Carey: »Technology and Ideology. The Case of the Te-

legraph«. In: James W. Carey: *Communication as culture. Essays on media and society*, New York 2009, S. 155–177; Bruce Hunt: »The Ohm is where the Art is. British Telegraph Engineers and the Development of Electrical Standards«. In: *Osiris* 9 (1994), S. 48–63; Iwan R. Morus: »›The Nervous System of Britain‹. Space, Time and the Electric Telegraph in the Victorian Age«. In: *British Journal for the History of Science* 33 (2000), S. 455–475; Dwayne R. Winseck/Robert M. Pike: *Communication and empire. Media, markets, and globalization, 1860–1930*, Durham 2007.

9 Karl Marx/Friedrich Engels: »Manifest der Kommunistischen Partei«, in: Karl Marx: *Werke*, Band 4, Berlin 1956, S. 459–493, hier S. 446; vgl. dazu auch: Jens Schröter: »Übertragung und Explosion. Telegraphie/Telephonie/Transport«, in: Jens Schröter/Gregor Schwering/Urs Stäheli (Hg.): *Media Marx. Ein Handbuch*, Bielefeld 2006, S. 203–215.

10 Karl Marx: »Lohn, Preis, Profit«. In: Karl Marx: *Werke*, Band 16, Berlin 1956, S. 103–152, hier S. 127.

11 Vgl. zur Materialität der Kommunikation: Hans Ulrich Gumbrecht/Karl Ludwig Pfeiffer (Hg.): *Materialität der Kommunikation*, Frankfurt/Main 1988.

12 Vgl. Wolfgang Schäffner: »Topologie der Medien. Descartes, Peirce, Shannon«. In: Andriopoulos, Stefan/Schabacher, Gabriele/Schumacher, Eckhard (Hg.): *Die Adresse des Mediums,* Köln 2001, S. 82–95.

13 Vgl. Samuel Morse: *Modern Telegraphy. Some Errors of Dates and Events and of Statement in the History of Telegraphy*, Paris 1867.

14 Anonym: »Telegraphic Meeting«. In: *Tiffany's Monthly*, 3 (1857), S. 142, zitiert nach Jeffrey Sconce: *Haunted Media. Electronic Presence from Telegraphy to Television*, Durham 2005, S. 21. »We publish the following novel and interesting account of a meeting of the employees of the American Telegraph Company on the 3rd instant at – what place? That is the question – at no place, or at all places where there were Telegraph offices, within the

circuit of seven hundred miles. A large room, that – seven hundred miles in diameter – for a meeting to convene... The members together in spirit – in communication, and yet in body seven hundred miles apart!«

15 Vgl. Paul Virilio: *Rasender Stillstand*, München 1992; Kay Kirchmann hat derartige Selbstsituierungen einer ›neuen Zeit‹ der Beschleunigung anhand zweier Aspekte beschrieben: einer »Substantialisierung und Semantisierung der Geschichte zur bewegungsmächtigen Kraft« sowie einer »Relationierung von Geschichtsepochen über den Geschwindigkeitsparameter«. Kay Kirchmann: *Verdichtung, Weltverlust und Zeitdruck. Grundzüge einer Theorie der Interdependenzen von Medien, Zeit und Geschwindigkeit im neuzeitlichen Zivilisationsprozess*, Opladen 1998, S. 304.

16 So beispielsweise auch im Standardwerk von Manuel Castells: *The Information Age: Economy, Society, and Culture*, Malden 1998.

17 Carl A. von Steinheil: *Ueber Telegraphie, insbesonders durch galvanische Kräfte*, München 1838, S. 3f.

18 Charles Briggs/Augustus Maverick: *The Story of the Telegraph*, New York 1858, S. 21f.

19 In den gegenwärtigen Auseinandersetzungen um einen ›new materialism‹ der ›media archaeology‹ werden diese Diskussionen im englischsprachigen Raum etwa geführt in: Erkki Huhtamo/Jussi Parikka (Hg.): *Media Archaeology. Approaches, Applications, and Implications*, Berkeley 2011.

20 So muss für die Verlegung des ersten Transatlantikkabels der Meeresboden erstmals genau untersucht und kartographiert werden. Vgl. Christian Holtorf: »Die Modernisierung des nordatlantischen Raumes. Cyrus Field, Taliaferro Shaffner und das submarine Telegraphennetz von 1858«. In: Alexander C. Geppert/Uffa Jensen/Jörn Weinhold (Hg.): *Ortsgespräche. Raum und Kommunikation im 19. und 20. Jahrhundert*, Bielefeld 2005, S. 157–178.

21 Vgl. Bruce Hunt: »The Ohm is where the Art is. British Telegraph Engineers and the Development of Electrical

Standards«, (wie Anm. 8).

22 Vgl. dazu Briankle Changs Dekonstruktion von Kommunikation als Trennung, die eine Verbindung voraussetzt: Briankle Chang: *Deconstructing Communication*, Minneapolis 1996.

23 Vgl. John Durham Peters: *Speaking into the Air. A history of the idea of communication*, Chicago 2000.

24 Vgl. zur historischen Epistemologie: Hans Jörg Rheinberger: *Historische Epistemologie zur Einführung*, Hamburg 2007.

25 Als ›Medien der Unmittelbarkeit‹ sind sie beschrieben in Florian Sprenger: *Medien des Immediaten. Elektrizität, Telegraphie, McLuhan*, Berlin 2012.

26 Sybille Krämer: *Medium, Bote, Übertragung. Kleine Metaphysik der Medialität*, Frankfurt/Main 2008, S. 332.

27 Stephen Gray: »A Letter to Cromwell Mortimer, M.D. Secr. R.S. containing several Experiments concerning Electricity«. In: *Philosophical Transactions of the Royal Society of London*, 37 (1731), S. 18–44, hier S. 27.

28 Ebd.

29 Vgl. John L. Heilbron: *Electricity in the 17th and 18th Centuries. A Study in Early Modern Physics*, Berkeley 1979.

30 R.A. Chipman: »An Unpublished Letter of Stephen Gray on Electrical Experiments, 1707–1708«. In: *Isis* 45 (1954), S. 33–40, hier S. 34. »Wenn, nachdem die Feder zum Glas gekommen ist, dieses in 6 bis 8 Inches Distanz von der Seite einer Wand, der Kante eines Tisches, dem Arm eines Stuhles oder etwas ähnlichem gehalten wird, wird es zu diesem angezogen werden und dann zum Glas zurück und dies für 10 oder 15 mal, ohne zu schwinden fliegt es in eine größere Distanz, kehrt dann aber nicht so oft zurück.«

31 Ebd., S. 35. »Nachdem die Feder zum Glas gekommen ist und dann abgestoßen wird, wenn man ihr mit dem Glas folgt, wird sie vor diesem wegfliegen und auf keine Weise dazu gebracht werden können, es zu berühren, bis

sie in die Nähe der nächsten Wand im Raum oder einem anderen festen Körper, von dem sie angezogen wird und frei zurückkehrt zum Glas, die Abstoßungen wiederholend.«

32 Vgl. J.L. Heilbron: *Electricity*, S. 234 (wie Anm. 29).

33 R.A. Chipman: »Unpublished Letter« 1954, S. 36 (wie Anm. 30), »[…] so wie alle Körper emittieren, so empfangen sie auch einen Teil der Effluvia aller anderen Körper, die sie umgeben, und die Anziehung ist entsprechend zu dem Strom dieser Effluvia gemacht..«

34 Mary B. Hesse: *Forces and Fields. The Concept of Action at a Distance in the History of Physics*, London 1961.

35 Eustachius a Sancto Paulo (1614): *Summa Philosophiae*, zitiert nach Leo Spitzer: »Milieu and Ambiance«. In: Leo Spitzer: *Essays in historical Semantics*, New York 1948, S. 179–225, hier S. 201.

36 Ebd. »Ich bin daher weit entfernt davon, zu denken, dass das, was ich hier anbiete, eine gesamte Lösung für die Phänomene ist. Dies muss ich den Überlegungen der Gebildeten überlassen.«

37 Simon Schaffer: »Experimenters' Techniques, Dyers' Hands, and the Electric Planetarium«. In: *Isis* 88 (1997), S. 456–483, hier S. 464.

38 Stephen Gray: »An Account of some new Electrical Experiment«. In: *Philosophical Transactions of the Royal Society of London* 31 (1720), S. 104–107, hier S. 104f. »als ob sie ein elektrischer Körper gewesen wäre, oder als ob einige Elektrizität zum Stock oder zur Feder kommuniziert worden wäre.«

39 Ebd., S. 106, »sie, nachdem sie vor dem Reiben gut gewärmt worden waren, viele elektrische Effluvia emittierend findend.«

40 Gray: »Letter to Cromwell Mortimer«, S. 29 (wie Anm. 27). »Wenn die Effluvia zu dem Draht oder Packseil kommen, das die Leine unterstützt, passieren sie durch diese zum Holz, mit welchem diese an jedem Ende verbunden ist, und so geht es weiter vorwärts in der Linie, die sie zum

Elfenbeinball trägt.«

41 Ebd., S. 27. »Danach wurde der Stock gerieben und das Blattgold unter den Elfenbeinball gehalten, so dass die elektrische Kraft durch die Leine der Kommunikation zum anderen Ende der Gallerie passierte, und wiederum zum Elfenbeinball zurückkehrte, der das Blattgold anzog und es schweben ließ wie zuvor. Die gesamte Länge der Leine waren 147 Fuß.«

42 Ebd., S. 31. »Wir begannen um sieben Uhr oder einige Zeit später, aber vor acht schwand die Anziehung. Ob dies am fallenden Tau lag, oder daran, dass mir sehr heiß war, kann ich nicht entschieden sagen, aber ich schreibe es eher letzterem zu.«

43 Vgl. Rudolf Stichweh: *Zur Entstehung des modernen Systems wissenschaftlicher Disziplinen. Physik in Deutschland 1740–1890*, Frankfurt/Main 1984.

44 Vgl. Stephan Sensen: »Zur Geschichte des Drahtziehens in Deutschland«, in: Martina Düttmann/Stephan Sensen (Hg.): *Draht. Vom Kettenhemd zum Supraleiter*, Iserlohn 2001, S. 63–92.

45 Vgl. O.G. Döhner: *Geschichte der Eisendrahtindustrie*, Berlin 1925.

46 B.C. Blake-Coleman: *Copper Wire and Electrical Conductors. The Shaping of a Technology*, Chur 1992, S. 42.

47 Vgl. etwa David Gooding: »From Phenomenology to Field Theory. Faraday's Visual Reasoning«. In: *Perspectives on Science*, 1 (2006), S. 40–65.

48 Vgl. Michael Ben-Chaim: »Social Mobility and scientific change. Stephen Grays contribution to electrical research«. In: *British Journal for the History of Science* 22 (1990), S. 3–24, hier S. 20.

49 Stephen Gray: »Two Letters from Mr. Stephen Gray, F.R.S. to C. Mortimer, M.D. Secr. R.S. containing farther Accounts of his Experiments concerning Electricity«. In: *Philosophical Transactions of the Royal Society of London* 37 (1731), S. 397–407, hier S. 404. »Anhand dieser Expe-

rimente stellen wir fest, dass die elektrische Kraft nicht nur durch einen Stab oder eine Leine von der Röhre zu einem entfernten Körper getragen werden mag, sondern auch, dass der gleiche Stab oder die Leine die Kraft zu einem anderen Stab oder einer Leine kommunizieren wird, die in einer Entfernung zu ihr sind, und dass von diesem Stab oder dieser Leine die anziehende Kraft zu anderen entfernten Körpern getragen werden kann.«

50 Charles Dufay: *Versuche und Abhandlungen von der Electricität der Körper*, Erfurt 1745, S. 36

51 Michel Serres: *Der Parasit*, Frankfurt/Main 1987, S. 97.

52 Vgl. ausführlicher Florian Sprenger: *Medien des Immediaten. Elektrizität, Telegraphie, McLuhan*, Berlin 2012.

53 Stephen Gray: »A Letter to Cromwell Mortimer«. In: *Philosophical Transactions* 37 (1731), S. 28.

54 Für dieses Zitat vgl. Francis Hauksbee: *Physico-Mechanical Experiments*, Bristol 1719/2004, S. 141; Charles Dufay: »A Letter from Mons. Du Fay, F.R.S. and of the Royal Academy of Sciences at Paris to his Grace Charles Duke of Richmond and Lenox concerning Electricity«. In: *Philosophical Transactions of the Royal Society of London* 38 (1733), S. 258–266, hier S. 259; William Watson: »A Continuation of a Paper concerning Electricity«. In: *Philosophical Transactions of the Royal Society of London* 44 (1746), S. 695–749, hier S. 727; Granvile Wheler: »Some Electrical Experiments, chiefly regarding the Repulsive Force of Electrical Bodies«. In: *Philosophical Transactions of the Royal Society of London* 41 (1739), S. 98–125, hier S. 100. Wheler nimmt allerdings an, dass einige Stoffe nicht unmittelbar, sondern nur mit Zeitverzögerung elektrisch werden, weil Elektrizität sich ausdehnen muss.

55 Vgl. Wolfgang Ernst: *Gleichursprünglichkeit. Zeitwesen und Zeitgegebenheit technischer Medien*, Berlin 2013.

56 Vgl. Siegfried Zielinski: *Archäologie der Medien. Zur Tiefenzeit des technischen Hörens und Sehens*, Reinbek 2002.

57 Marshall McLuhan/Barrington Nevitt: »The Argument. Causality in the Electric World«. In: *Technology and Culture* 14 (1973), S. 1–18, hier S. 1. »Past, present and future merge into electric nowness«.

58 John Desaguliers: *A Course of Experimental Philosophy*, Band 1, London 1734.

59 Jacques Derrida: *Berühren*, Berlin 2007, S. 292.

60 Johann H. Winkler: *Grundriss zu einer ausführlichen Abhandlung von der Electricität*, Leipzig 1750, S. 6.

61 Vgl. die Beiträge in Axel Volmar: *Zeitkritische Medien*, Berlin 2009.

62 Patrice Flichy argumentiert, dass der aus dem organischen Diskurs des Blutkreislaufs entlehnte Netzbegriff im Zusammenhang mit Kommunikation etwa zur gleichen Zeit wie in Verwaltungsdiskursen der städtischen Organisation um 1800 erscheint, denen gemeinsam ist, die Stadt als einen Organismus aufzufassen. Die Vorstellung von einer Netzstruktur der Kommunikation ruht auf den entstehenden Telegraphennetzen auf und bezeichnet eine Struktur, mit der zuvor unzusammenhängende Linien einer gemeinsamen Gliederung unterstellt wurden, so dass »schnellstmögliche Übertragung und kürzester Übertragungsweg nicht mehr unbedingt zusammenfielen.« (Patrice Flichy: *Tele. Geschichte der modernen Kommunikation*, Frankfurt/Main 1994, S. 57) Laura Otis hat dies auf die Physiologie bezogen: Laura Otis: *Networking. Communicating with Bodies and Machines in the Nineteenth Century*, Ann Arbor 2001; zur Streckenführung der Telegraphenlinien vgl. Rolf Oberliesen: *Information, Daten und Signale. Geschichte technischer Informationsverarbeitung*, Reinbek 1982, S. 59–62.

63 Vgl. dazu grundlegend: Harold Adams Innis: *Empire and Communications*, Oxford 1950.

64 »May the Atlantic telegraph, under the blessing of heaven, prove to be a bond of perpetual peace and friendship between the kindred nations, and an instrument destined by Divine Providence to diffuse religion, liberty, and law

throughout the world.« (Grußtelegramm von Präsident James Buchanan an Queen Victoria 1858, zit. nach: Paul M. Kennedy: »Imperial Cable Communications and Strategy, 1870–1914«. In: *English Historical Review* 86 (1971), S. 728–752, hier S. 730). Als die erste kommerzielle Radio-Telephonieverbindung über den Atlantik knapp 70 Jahre später eröffnet wurde, stellte der Herausgeber der *New York Times*, Adolph S. Ochs, am 7. Januar 1927 an den Herausgeber der Londoner *Times*, Geoffrey Dawson, die auf den neuen Medien-Raum elektromagnetischer Wellen bezogene Frage, wer angesichts der Technologie ihrer Kommunikation noch die Verwegenheit besäße, zu behaupten, dass Gebete nicht im Himmel vernommen würden?

65 Vgl. Daniel R. Headrick: *The Tools of Empire. Technology and European Imperialism in the Nineteenth Century*, New York, Oxford 1981.

66 Vgl. Henry Muir: »The Telegraph Systems of the World. Their rapid growth, their wide extent, their close cooperation«. In: *McClure's Magazine* 5,2 (Juli 1895), S. 99–112, hier S. 101.

67 Rudyard Kipling: »The Deep-Sea Cables« [1896]. In: Ders.: *Complete Verse*, New York 1989, S. 173.

68 Vgl. Daniel R. Headrick: *The Invisible Weapon. Telecommunications and International Politics 1851–1945*, New York, Oxford 1991, S. 102–105; P.M. Kennedy: »Imperial Cable Communications and Strategy«, S. 748 (wie Anm. 64).

69 Michel Foucault: »Von anderen Räumen« [1967], in: Ders. *Schriften*, Band 4, Frankfurt/Main 2005, S. 931–942, hier S. 931.

70 Das Dispositiv einer Punkt-zu-Punkt-Telekommunikation umfasst als Kommunikationskonfiguration im Übergang von Telegraphennetzen zu drahtlosen Funkstationen zu Anfang des 20. Jahrhunderts sämtliche denkbaren Formen der expandierenden Radiokommunikation, wie der amerikanische *Radio Act* vom 13. August 1912 – mit dem eine gesetzliche Kontrollbasis des expandierenden Funkwe-

sens gelegt werden sollte – durch die Definition all dessen ausführt, was von der Verordnung betroffen sei: »That the expression ›radio communication‹ as used in this act means any system of electrical communication by telegraphy or telephony without the aid of any wire connecting the points from and at which the radiograms, signals, or other communications are sent or received.« (United States Radio Act, 1912, abgedruckt in: Captain Linwood S. Howeth: *History of Communications-Electronics in the United States Navy*, Washington 1963, S. 570–574).

71 Oliver Heaviside: *Electromagnetic Theory*, Band 1, London 1891/1893, Reprint New York 1971, S. 5.

72 Oliver Heaviside: »Theory of Electric Telegraphy«, In: *Encyclopaedia Britannica* Band 33: Eintrag Telegraphy, 10. Aufl., London 1902, S. 213–218, hier S. 213.

73 O. Heaviside: *Electromagnetic Theory*, S. 5 (wie Anm. 71).

74 »Perhaps the simplest view to take of the medium which plays such a necessary part, as the recipient of energy, in this theory, is to regard it as continuously filling all space, and possessing the mobility of a fluid rather than the rigidity of a solid. If whatever possess the property of inertia be matter, then the medium is a form of matter. But away from ordinary matter it is, for obvious reasons, best to call it as usual by a separate name, the ether.« Oliver Heaviside: »On the Forces, Stresses, and Fluxes of Energy in the Electromagnetic Field« [1891]. In: Ders.: *Electrical Papers*, Band 2, London, New York 1892, S. 521–574, hier S. 524.

75 Ebd.

76 Ernst Cassirer: *Philosophie der symbolischen Formen*, Band 3: Phänomenologie der Erkenntnis, 2. Aufl. Darmstadt 1990, S. 544f.

77 »Das Meer kann als das eigentliche Wirkungsfeld der drahtlosen Telegraphie angesehen werden, einerseits weil das Meerwasser für die elektrischen Wellen ein besseres Übertragungsmittel bildet als die Erde, andererseits

weil auf dem Meere die Möglichkeit und das Bedürfnis des Verkehrs zwischen schwimmenden Stationen vorhanden ist.« (Domenico Mazzotto: *Drahtlose Telegraphie und Telephonie*, München, Berlin 1906, S. 358).

78 »Hence the waves accomodate themselves to the surface of the sea, in the same way as waves follow wires. The irregularities make confusion, no doubt, but the main waves are pulled round by the curvature of the earth, and do not jump off.« O. Heaviside: »Theory of Electric Telegraphy«, S. 215, (wie Anm. 72).

79 Ebd.

80 Diese wissenschaftlich erst über 20 Jahre später beweisbare Hypothese wurde im Jahre 1902 sowohl von Heaviside als auch vom Harvard-Professor und früheren Kollegen R.A. Fessendens, Arthur Edwin Kennelly, formuliert. (Vgl. Arthur E. Kennelly: »On the Elevation of the Electrically Conducting Strata of the Earth's Atmosphere«. In: *Electrical World and Engineer* 39, (15. März 1902), S. 473). Die Bezeichnung »Heaviside layer« schlug W.H. Eccles im Jahre 1912 im Kontext seiner physikalischen Berechnungen zur Wellenausbreitung vor. (Vgl. W.H. Eccles: »On the Diurnal Variations of the Electric Waves Occurring in Nature, and on the Propagation of Electric Waves Round the Bend of the Earth«. In: *Proceedings of the Royal Society* 87 (1912), Series A, S. 79–99, hier S. 94).

81 Die gedankliche Voraussetzung für den Entwurf eines umfassenden Medienraums der Übertragung liegt in seiner experimentell zu überprüfenden Ausdehnung über die gekrümmte Erdoberfläche hinweg. In der Theorie, dass die Ausbreitung elektromagnetischer Wellen an einem ›sufficiently conducting layer in the upper air‹ reflektiert werde, gibt sich der Medienraum dann als ein einiger, terrestrisch grenzenloser, aber keineswegs unendlicher Raum zu denken. Dessen Bestimmung basiert insofern auf einer Unterscheidung, die Bernhard Riemann in seinem Habilitationsvortrag 1854 bezüglich der Raumkonstruktionen »bei der Ausdeh-

nung dieser empirischen Bestimmungen über die Grenzen der Beobachtung« getroffen hat. Dabei erschien es ihm nämlich wesentlich, »Unbegrenztheit und Unendlichkeit zu scheiden; jene gehört zu den Ausdehnungsverhältnissen, diese zu den Massverhältnissen«. (Bernhard Riemann: *Über die Hypothesen, welche der Geometrie zugrunde liegen*, Göttingen 1854/1867, Reprint Darmstadt 1959, S. 21).

82 Diesbezüglich stellt Oliver Heaviside in einem unveröffentlichten Brief an den Herausgeber des *Electrician* im Frühjahr 1902 bereits die Frage, »if the recent success of Mr. Marconi in telegraphing from Cornwall to Newfoundland might not be due to the presence of a permanently conducting upper layer in the atmosphere.« (Zit. nach W.H. Eccles: »Wireless Communication and Terrestrial Magnetism«. In: *Nature* 119, Nr. 2987 (29. Januar 1927), S. 157).

83 Hans Bredow: »Weihnachtsansprache an das amerikanische Volk. Aufgezeichnet in Berlin, Vox-Studios am 9. Dezember 1924« (archiviert im DRA Frankfurt/Main), zit. nach: Peter Dahl: *Radio. Sozialgeschichte des Rundfunks für Sender und Empfänger*, Reinbek 1983, S. 103.

84 Karl Knies: *Der Telegraph als Verkehrsmittel*, Leipzig 1857, S. 242.

85 Mittels eines elektrolytischen Detektors und eines Telephonhörers gelang Fessenden am 23. Dezember 1900 die drahtlose Übermittlung gesprochener Sprache über die Distanz von einer Meile mit einem Knallfunkensender und zwei 15 Meter hohe Antennenmasten. Die ersten Worte zu Testzwecken sprach Fessenden im Dienste des Weather Bureau in Rock Point, Maryland, als es ihm gelungen war, einen von S.M. Kintner entworfenen ›Unterbrecher‹, der 10.000 Unterbrechungen des Stromkreises pro Sekunde schaffte, vom Apparatebauer Brashear bauen zu lassen. Die Vorrichtung war hergestellt »by scribing fine grooves longitudinally on a phonograph cylinder« (Hugh J. Aitken: *The Continuous Wave: Technology and American Radio, 1900–1932*, Princeton 1985, S. 61) und erreichte etwa die erwartete

Frequenz. Zudem integrierte er ein Kohlemikrophon in den Funkensender: »Transmission over a distance of one mile was attained but the character of the speech was not good and it was accompanied by an extremely loud and disagreeable noise, due to the irregularity of the spark.« (Reginald Aubrey Fessenden: »Wireless Telephony«. In: *Transactions of the American Institute of Electrical Engineers* 27, Teil 1 (1. Januar bis 30. Juni 1908), S. 553–629, hier, S. 570). Vgl. auch: Reginald Aubrey Fessenden: »Wireless Telephony«. In: *The Electrical Review* 60, (15. Februar 1907), S. 252.

86 Oliver Heaviside lehnte zweimal (zwischen Oktober 1904 und Januar 1905) ein Angebot von Fessenden ab, als Berater in komplexeren mathematischen Fragen in Fessendens Unternehmen angestellt zu werden. Denn während Fessenden seine transatlantischen Radio-Stationen in Brant Rock, Mass., und in Machrihanish, Schottland, konstruierte, um zwischen beiden drahtlose Kommunikation – auch als Sprechverbindung – über den Ozean zu schicken, stellten sich ihm analytisch-mathematische Probleme bei der Verbesserung der Signalübertragung und der Reduzierung atmosphärischer Störungen, die er lange Zeit nicht lösen konnte. (Vgl. Paul J. Nahin: *Oliver Heaviside: Sage in Solitude. The Life, Work, and Times of an Electrical Genius of the Victorian Age*, New York 1988, S. 280f.)

87 »A human voice coming from their instruments – someone speaking! Then a woman's voice rose in song. It was uncanny!« Alvin F. Harlow: *Old Wires and New Waves. The History of the Telegraph*, New York 1936, S. 455.

88 Reginald A. Fessenden: »Wireless Telegraphy«. In: *The Electrical Review* 58, Nr. 1485 (11. Mai 1906), S. 744–746; Nr. 1486 (18. Mai 1906), S. 788–789), hier S. 789 (dortige Hervorhebung).

89 In der Vorbereitung der Weihnachtssendung 1906 erkannte Fessenden vielmehr nach dem kurzfristigen Ausfall seiner schottischen Radiostation, wie unerheblich die geplante Reichweite für eine öffentliche Vorführung seines

neuen Hochfrequenzmaschinensenders war. Stattdessen sah er den entscheidenden Faktor für die Durchsetzung seiner Medientechnik in ihrer öffentlichen Experimentalvorführung, was zum Radio bereits Guglielmo Marconi vorgemacht hatte. Insofern sollte der Zweck von Fessendens erster Radiosendung nicht mit ihrem Inhalt verwechselt werden, denn bei ihr stand eher die möglichst breite Bezeugung eines erfolgreichen technischen Experiments statt einer bloßen »Transmission of ordinary speech, and also transmission of phonographic talking and music by wireless telephone between Brant Rock and Plymouth« im Vordergrund. Neben den telegraphisch aufmerksam gemachten Radioschiffsfunkern erging ein persönliches Einladungsschreiben des *American Telephone Journals* vom 11. Dezember 1906 an ausgewählte Fachkollegen wie Elihu Thomson und ehemalige Kollegen wie Arthur Edwin Kennelly, in dem neben dem oben zitierten Inhalt der Vorführung auch ihr Zweck angegeben wurde: »A limited number of invitations have been issued to witness the operation of the National Electric Signaling Co's. wireless telephone system between Brant Rock and Plymouth, Mass., over a distance of between ten and eleven miles.« Zit. nach R.A. Fessenden: »Wireless Telephony«, S. 580, (wie Anm. 85).

90 Reginald Aubrey Fessenden: »The First Transatlantic Telephonic Transmission«. In: *Scientific American* 119, Nr. 10 (7. September 1918), S. 189; vgl. auch: H.J. Aitken: *The Continuous Wave*, S. 73f. (wie Anm. 85); John S. Belrose: »Reginald Aubrey Fessenden and the Birth of Wireless Telephony«. In: *IEEE Antennas and Propagation Magazine* 44,2 (2002), S. 38–47, hier S. 44.

91 R.A. Fessenden: »The First Transatlantic Telephonic Transmission«, S. 189 (wie Anm. 90).

92 Ebd.

93 R.A. Fessenden: »Wireless Telephony«, S. 606 (wie Anm. 85); am 21. Oktober 1915 wurde schließlich der AT&T Ingenieur B.B. Webb, der im US-Navy-Sender in Arlington/

Virginia ins Mikrophon sprach – verstärkt durch 300 parallel geschaltete Audion-Röhren – in Paris verstanden, wobei der Eiffelturm als Antenne fungierte. »In these earlier tests, however, speech was received in Paris only at occasional moments when transmission conditions were exceptionally favorable.« (H.D. Arnold/Lloyd Espenschied: »Transatlantic Radio Telephony«. In: *The Bell System Technical Journal* 2,4 (Oktober 1923), S. 116–144, hier S. 117).

94 In der Radiogeschichte gehen wesentliche Impulse von einer dritten künstlerischen Experimentalsituation aus, solange es gelingt, deren experimentellen Status zu erhalten.

95 Vgl. Dominik Schrage: »›Anonymus Publikum‹. Massenkonstruktion und die Politiken des Radios«. In: Daniel Gethmann/Markus Stauff: *Politiken der Medien*, Zürich, Berlin 2005, S. 173–194.

96 Vgl. Daniel Gethmann: »Technologie der Vereinzelung. Das Sprechen am Mikrophon im frühen Rundfunk«. In: ebd., S. 305–318.

97 »Die Neigung, Vorläufer zu suchen, zu finden und zu feiern, ist das deutlichste Symptom der Unfähigkeit zur epistemologischen Kritik. Bevor man zwei Wegstrecken nahtlos ineinander übergehen lässt, sollte man sich zuerst vergewissern, ob es sich wirklich um ein und denselben Weg handelt.« (Georges Canguilhem: »Der Gegenstand der Wissenschaftsgeschichte«. In: Ders.: *Wissenschaftsgeschichte und Epistemologie*, Frankfurt/Main 1979, S. 34)

98 Die Voraussetzung für die Entstehung des virtuellen Radioraums innerhalb des Heaviside-Raums liegt nicht so sehr in ersten Stimmübertragungsexperimenten, sondern vor allem in der Ersetzung des sehr kostspieligen Hochfrequenzmaschinensenders durch die billige und leicht verfügbare Röhrentechnologie ausgehend von der Triode Lee De Forests im Jahre 1906. Diese in die Sende- und Empfängerapparaturen zu integrieren, bildet die Voraussetzung für die Entstehung der lokalen und populären Radiosendekultur.

99 Vgl. Berichte über die Tests im *American Telephone*

Journal vom 26. Januar und 2. Februar 1907 (R.A. Fessenden: »Wireless Telephony«, S. 580, (wie Anm. 85)).

100 Vgl. Anm. 89.

101 Am Ende der ersten Expansionsphase (1899–1930) der UFCO besaß die Firma 1.409.148 Hektar landwirtschaftlich nutzbarer Flächen in Mittelamerika, nur auf etwa 5 Prozent davon (76.553 ha) betrieb sie Bananenanbau. Vgl. Charles Morrow Wilson: *Empire in Green and Gold. The Story of the American Banana Trade*, New York 1947, S. 153–167; Stacy May/Galo Plaza: *The United Fruit in Latin America*, New York 1958, S. 5–6; Constance Orozco: *The United Fruit Company in Central America. A Bargaining Power Analysis*, Austin, Texas 1991 (Texas papers on Latin America Nr. 91–07).

102 »Urgent communications from company offices in the United States were first telegraphed to Galveston, Texas; then they were dispatched by cable (usually out of order) via Mexico to San Juan del Sur, Nicaragua; here the messages were transferred to land lines owned and operated by the Nicaraguan government; after much delay, land lines owned and operated by the government of Costa Rica picked up the communications. The latter systems were frequently out of order and, when strife or ill will prevailed between Nicaragua and Costa Rica or the staffs of their respective national telegraph systems, the messages never crossed the boundary at all. But when and if the messages reached Costa Rica's capital, they were dispatched by United Fruit land lines to the Limon headquarters, and then by Carib Cayucos down the reef-strewn coast to Almirante Bay and Bocas.« (C.M. Wilson: *Empire in Green and Gold*, S. 154, (wie Anm. 101)).

103 Lee De Forest hatte die Sender zuvor zu Reportagen vom Segelwettbewerb um den »America Cup« verwendet. (Vgl. Ebd., S. 155).

104 Vgl. Helen M. Fessenden: *Fessenden. Builder of Tomorrows*, New York 1940, S. 153.

105 Peter Lertes: *Die drahtlose Telegraphie und Telephonie.* (Naturwissenschaftliche Reihe Bd. IV). Dresden, Leipzig 1922, S. 4. »In July 1907 the range was considerably extended and speech was successfully transmitted between Brant Rock and Jamaica, Long Island, a distance of nearly 200 miles, in daylight and mostly over land, the mast at Jamaica being approximately 180 ft. high.« (R.A. Fessenden: »Wireless Telephony«, S. 581, (wie Anm. 85)).

106 R.A. Fessenden, »Wireless Telephony«, S. 612, (wie Anm. 85). Die bei diesen Empfangsexperimenten im Frühjahr 1907 erzielten Reichweiten schienen Fessenden auch im regulären Betrieb erreichbar, nachdem er in einzelnen Nächten des Jahres 1906 sogenannte Echosignale des Senders Machrihanish aus Schottland in Brant Rock, Mass. empfangen hatte, also Signale, die sich nach jeweils etwa zwei Zehntelsekunden wiederholten. Die Verzögerung schrieb Fessenden dem Umstand zu, dass die später eintreffenden Signale wohl über die andere Seite des Globus gekommen sein mussten: »on certain nights there appeared to be indications at the Boston station of a double set of impulses being received, one about a fifth of a second later than the other. It is too early yet to make any definite statement in regard to this matter, but there is some reason for thinking that the second set of signals arrived at the station after going the longer way round.« (R.A. Fessenden: »Wireless Telegraphy«, S. 745, (wie Anm. 88); vgl. auch: J.S. Belrose: »Reginald Aubrey Fessenden«, S. 45, (wie Anm. 90)).

107 R.A. Fessenden: »Wireless Telephony«, S. 606, (wie Anm. 85).

108 Lee De Forest: *Father of Radio. The Autobiography of Lee De Forest*, Chicago 1950, S. 4.

109 Vgl. Susan J. Douglas: *Inventing American Broadcasting 1899–1922*, Baltimore, London 1987, S. 95.

110 Cleland Davis, zit. nach: Chen-Pang Yeang: »Scientific Fact or Engineering Specification? The U.S. Navy's Experiments on Wireless Telegraphy circa 1910«. In: *Tech-*

nology and Culture 45,1 (Januar 2004), S. 1–29, hier S. 1; vgl. auch: H.J. Aitken: *The Continuous Wave*, S. 87, (wie Anm. 85); zur Konzeption einer ›British Imperial Chain‹ in Zusammenarbeit mit Marconi vgl. Peter J. Hugill: *Global Communications since 1844. Geopolitics and Technology*, Baltimore, London 1999, S. 97–107.

111 Im Deutschen Reich kommt man nach Kostenvergleichen der Kabeltelegraphie mit Funkentelegraphen im Jahre 1907 zum gleichen Ergebnis: »Zur Verbindung von Inseln und für Gegenden, die von heftigen Stürmen heimgesucht werden, kommt daher in Zukunft wohl nur noch die drahtlose Telegraphie in Frage.« (Gustav Partheil: *Die drahtlose Telegraphie und Telephonie nach Geschichte, Wesen und Bedeutung für Militär und Marine, Verkehr und Schule gemeinverständlich dargestellt*, Berlin 1907, S. 86).

112 Vgl. James Schwoch: *The American Radio Industry and Its Latin American Activities, 1900–1939*, Urbana, Chicago 1990.

113 »The banana empire is not primarily an aggregation of mutually interacting governmental and industrial agencies, but the expansion of an economic unit to such size and power that in itself it assumes many of the prerogatives and functions usually assumed by political states. The United Fruit Company, rather than rely upon the State Department to pull diplomatic wires, trains its own political representatives to deal with Carribean governments. The corporation, which not only monopolizes the banana trade in the most important producing regions but also owns or controls railroads, docks, steamships, radio, housing facilities, leading wholesale and retail stores and other enterprises, and which also controls the livelihood of many business men, farmers, laborers, and professional men, can speak with such force that politicians accede to its will.« (Charles David Jr. Kepner/Jay Henry Soothill: *The Banana Empire. A Case Study of Economic Imperialism*, New York 1935, Reprint 1967, S. 341).

114 Vgl. Albert W. Buel: »The Development of the Standard Design for Self-Supporting Radio Towers for the United Fruit and Tropical Radio Telegraph Companies«. In: *Proceedings of the Institute of Radio Engineers* 12,1 (Februar 1924), S. 29–64; die Gründung der Tochterfirma *Tropical Radio* wurde durch den im Jahre 1912 von George S. Davis getätigten Kauf der *Wireless Speciality Apparatus Company* möglich, die von einem der Entwickler des Kristalldetektors, J.G. Pickard, gegründet worden war und UFCO wichtige Patentrechte sicherte, um eigene tropentaugliche Radiogeräte zu entwickeln.

115 Vgl. Christopher H. Sterling/John M. Kittross: *Stay Tuned. A Concise History of American Broadcasting*, Belmont 1978, S. 35.

116 Vgl. Erik Barnouw: *A Tower in Babel*. Bd. 1 (A History of Broadcasting in the United States), New York 1966, S. 72–74; H.J. Aitken: *The Continuous Wave*, S. 446f. (wie Anm. 85).

117 David McCreery: »Wireless Empire: The United States and Radio Communications in Central America and the Carribbean, 1904–1926«. In: *Southeast Latin Americanist* 37.1 (Sommer 1993), S. 23–41, hier S. 33.

118 Caspar Baur: *Das elektrische Kabel*, Berlin 1903, S. III.

119 Vgl. Frances Cairncross: *The Death of Distance. How the Communications Revolution is changing our Lives*, Boston 2001.

120 Vgl. James R. Beniger: *The Control Revolution. Technological and Economic Origins of the Information Society*, Cambridge 1986.

121 Vgl. die Beiträge in Rudolf Maresch, Niels Werber (Hg.): *Raum – Wissen – Macht*, Frankfurt/Main 2002.

122 The London Times, 6. August 1858, zitiert nach Christian Holtorf: *Das erste transatlantische Telegraphenkabel von 1858 und seine Auswirkungen auf die Vorstellungen von Raum und Zeit*, Dissertation Humboldt-Universität

Berlin 2009, S. 24.

123 Dies gilt insbesondere für Manuel Castells, der am Ende seiner umfassenden Analyse globaler Flows und sozialer Synchronisationsprozesse eine instantane Elektrizität einsetzt, vgl. M. Castells: *The Information Age*, (wie Anm. 16).

124 Ernst Kapp: *Grundlinien einer Philosophie der Technik*, Braunschweig 1877, S. 135.

125 Cortlandt van Rensselaer: *Signals from the Atlantic Cable*, Philadelphia 1858, S. 5.

126 Charles Briggs, Augustus Maverick: *The Story of the Telegraph*, S. 21, (wie Anm. 18).

127 Vgl. stilbildend M. McLuhan: *Understanding Media*, (wie Anm. 3).

128 M. Castells: *The Information Age*, S. 379, (wie Anm. 16).

129 Samuel Morse: *His Letters and Journals*, Charleston 2007, S. 6.

Literatur

Aitken, Hugh J.: *The Continuous Wave: Technology and American Radio, 1900–1932*, Princeton 1985.

Anders, Günther: *Die Antiquiertheit des Menschen 1. Über die Seele im Zeitalter der zweiten industriellen Revolution*, München 1956.

Arnold, H.D./Espenschied, Lloyd: »Transatlantic Radio Telephony«. In: *The Bell System Technical Journal* 2,4 (Oktober 1923), S. 116–144.

Barnouw, Erik: *A Tower in Babel.* Band 1 (A History of Broadcasting in the United States), New York 1966.

Baur, Caspar: *Das elektrische Kabel*, Berlin 1903.

Belrose, John S.: »Reginald Aubrey Fessenden and the Birth of Wireless Telephony«. In: *IEEE Antennas and Propagation Magazine* 44,2 (2002), S. 38–47.

Ben-Chaim, Michael: »Social Mobility and scientific change. Stephen Grays contribution to electrical research«. In: *British Journal for the History of Science* 22 (1990), S. 3–24.

Beniger, James R.: *The Control Revolution. Technological and Economic Origins of the Information Society*, Cambridge 1986.

Bexte, Peter: »Kabel im Denkraum«. In: Arthur Engelbert/Manja Herlt (Hg.): *Updates. Visuelle Medienkompetenz*, Göttingen 2002, S. 17–44.

Blake-Coleman, B.C.: *Copper Wire and Electrical Conductors. The Shaping of a Technology*, Chur 1992.

Blumenberg, Hans: »Lebenswelt und Technisierung unter Aspekten der Phänomenologie«. In: Ders.: *Wirklichkeiten in denen wir leben*, Stuttgart 1981, S. 7–54.

Briggs, Charles/Maverick, Augustus: *The Story of the Telegraph*, New York 1858.

Buel, Albert W.: »The Development of the Standard Design for Self-Supporting Radio Towers for the United Fruit and Tropical Radio Telegraph Companies«. In: *Proceedings of the Institute of Radio Engineers* 12,1 (Februar 1924), S. 29–64.

Cairncross, Frances: *The Death of Distance. How the Communications Revolution is changing our Lives*, Boston, 2001.

Canguilhem, Georges: »Der Gegenstand der Wissenschaftsgeschichte«, in: Ders.: *Wissenschaftsgeschichte und Epistemologie*, Frankfurt/Main 1979.

Carey, James W.: »Technology and Ideology. The Case of the Telegraph«. In: *Communication as Culture. Essays on Media and Society*, New York 2009, S. 155–177.

Cassirer, Ernst: *Philosophie der symbolischen Formen*, Band 3: Phänomenologie der Erkenntnis, 2. Aufl. Darmstadt 1990.

Castells, Manuel: *The Information Age: Economy, Society, and Culture*, Malden 1998.

Chang, Briankle: *Deconstructing Communication*, Minneapolis 1996.

Chipman, R.A.: »An Unpublished Letter of Stephen Gray on Electrical Experiments, 1707–1708«. In: *Isis* 45 (1954), S. 33–40.

Dahl, Peter: Radio. *Sozialgeschichte des Rundfunks für Sender und Empfänger*, Reinbek 1983.

De Forest, Lee: *Father of Radio. The Autobiography of Lee De Forest*, Chicago 1950.

Derrida, Jacques: *Grammatologie*, Frankfurt/Main 1974.

–: »Die différance«. In: Ders.: *Randgänge der Philosophie*, Wien 1988, S. 29–52.

–: *Berühren. Jean-Luc Nancy*, Berlin 2007.

Desaguliers, John: *A Course of Experimental Philosophy*, Band I, London 1734.

Döhner, O. G.: *Geschichte der Eisendrahtindustrie*, Berlin 1925.
Döring, Jörg / Thielmann, Tristan (Hg.): *Mediengeographie. Theorie - Analyse - Diskussion*. Bielefeld 2009.
Douglas, Susan J.: *Inventing American Broadcasting 1899–1922*, Baltimore, London 1987.
Dufay, Charles: »A Letter from Mons. Du Fay, F.R.S. and of the Royal Academy of Sciences at Paris to his Grace Charles Duke of Richmond and Lenox concerning Electricity«. In: *Philosophical Transactions of the Royal Society of London* 38 (1733), S. 258–266.
–: *Versuche und Abhandlungen von der Electricität der Körper*, Erfurt 1745.
Eccles, W.H.: »On the Diurnal Variations of the Electric Waves Occurring in Nature, and on the Propagation of Electric Waves Round the Bend of the Earth«. In: *Proceedings of the Royal Society* 87 (1912), Series A, S. 79–99.
–: »Wireless Communication and Terrestrial Magnetism«. In: *Nature* 119, Nr. 2987 (29. Januar 1927), S. 157.
Ernst, Wolfgang: *Gleichursprünglichkeit. Zeitwesen und Zeitgegebenheit technischer Medien*, Berlin 2013.
Fessenden, Helen M.: *Fessenden. Builder of Tomorrows*, New York 1940.
Fessenden, Reginald Aubrey: »Wireless Telegraphy«. In: *The Electrical Review* 58, Nr. 1485 (11. Mai 1906), S. 744–746; Nr. 1486 (18. Mai 1906), S. 788–789.
–: »Wireless Telephony«. In: *The Electrical Review* 60, (15. Februar 1907), S. 251–253; 327–329; 368–370.
–: »Wireless Telephony«. In: *Transactions of the American Institute of Electrical Engineers* 27, Teil 1 (1. Januar bis 30. Juni 1908), S. 553–629.
–: »The First Transatlantic Telephonic Transmission«. In: *Scientific American* 119, Nr. 10 (7. September 1918), S. 189.
Flichy, Patrice: *Tele. Geschichte der modernen Kommunikation*, Frankfurt/Main, New York 1994.

Foucault, Michel: »Von anderen Räumen« [1967]. In: Ders.: *Schriften*, Band 4, Frankfurt/Main 2005, S. 931–942.
–: *Archäologie des Wissens*, Frankfurt/Main 1986.
Gethmann, Daniel: »Technologie der Vereinzelung. Das Sprechen am Mikrophon im frühen Rundfunk«. In: Daniel Gethmann/Markus Stauff: *Politiken der Medien*, Zürich, Berlin 2005, S. 305–318.
Gray, Stephen: »An Account of some new Electrical Experiment«. In: *Philosophical Transactions of the Royal Society of London* 31 (1720), S. 104–107.
–: »A Letter to Cromwell Mortimer, M.D. Secr. R. S. containing several Experiments concerning Electricity«. In: *Philosophical Transactions of the Royal Society of London* 37 (1731), S. 18–44.
–: »Two Letters from Mr. Stephen Gray, F.R.S. to C. Mortimer, M.D. Secr. R.S. containing farther Accounts of his Experiments concerning Electricity«. In: *Philosophical Transactions of the Royal Society of London* 37 (1731), S. 397–407.
Gooding, David: »From Phenomenology to Field Theory. Faraday's Visual Reasoning«. In: *Perspectives on Science* 1 (2006), S. 40–65.
Gumbrecht, Hans Ulrich/Pfeiffer, Karl Ludwig (Hg.): *Materialität der Kommunikation*. Frankfurt/Main 1988.
Harlow, Alvin F.: *Old Wires and New Waves. The History of the Telegraph*, New York 1936.
Hauksbee, Francis: *Physico-Mechanical Experiments*, Bristol 1719/2004.
Headrick, Daniel R.: *The Tools of Empire. Technology and European Imperialism in the Nineteenth Century*, New York, Oxford 1981.
–: *The Invisible Weapon. Telecommunications and International Politics 1851–1945*, New York, Oxford 1991.
Heaviside, Oliver: *Electromagnetic Theory*, Band 1. London 1891/1893, Reprint New York 1971.
–: »Theory of Electric Telegraphy«. In: *Encyclopaedia Bri-*

tannica, Band 33: Eintrag Telegraphy, 10. Aufl., London 1902, S. 213–218.

–: »On the Forces, Stresses, and Fluxes of Energy in the Electromagnetic Field« [1891]. In: Ders.: *Electrical Papers*, Band 2, London, New York 1892, S. 521–574.

Heilbron, John L.: *Electricity in the 17th and 18th Centuries. A Study in Early Modern Physics*, Berkeley 1979.

Hörl, Erich (Hg.): Die technologische Bedingung. Beiträge zur Beschreibung der technischen Welt, Frankfurt/Main 2011.

Holtorf, Christian: »Die Modernisierung des nordatlantischen Raumes. Cyrus Field, Taliaferro Shaffner und das submarine Telegraphennetz von 1858«. In: Alexander C. Geppert/Uffa Jensen/Jörn Weinhold (Hg.): *Ortsgespräche. Raum und Kommunikation im 19. und 20. Jahrhundert*, Bielefeld 2005, S. 157–178.

–: *Das erste transatlantische Telegraphenkabel von 1858 und seine Auswirkungen auf die Vorstellungen von Raum und Zeit*, Dissertation Humboldt-Universität Berlin 2009.

Horwitz, Hugo Theodor: »Das Relais-Prinzip«. In: Horwitz, Hugo Theodor: *Das Relais-Prinzip,* Wien 2008, S. 77–117.

Howeth, Captain Linwood S.: *History of Communications-Electronics in the United States Navy*, Washington 1963.

Huhtamo, Erkki/Parikka, Jussi (Hg.): *Media Archaeology. Approaches, Applications, and Implications*, Berkeley 2011.

Hugill, Peter: *Global Communications since 1844. Geopolitics and Technology*, Baltimore, London 1999.

Hunt, Bruce: »The Ohm is where the Art is. British Telegraph Engineers and the Development of Electrical Standards«. In: *Osiris* 9 (1994), S. 48–63.

Innis, Harold Adams: *Empire and Communications*, Oxford 1950.

Kapp, Ernst: *Grundlinien einer Philosophie der Technik*, Braunschweig 1877.

Kennedy, Paul M.: »Imperial Cable Communications and Strategy, 1870–1914«. In: *English Historical Review* 86 (1971), S. 728–752.

Kennelly, Arthur E.: »On the Elevation of the Electrically Conducting Strata of the Earth's Atmosphere«. In: *Electrical World and Engineer* 39, (15. März 1902), S. 473.

Kepner, Charles David Jr./Soothill, Jay Henry: *The Banana Empire. A Case Study of Economic Imperialism*, New York 1935, Reprint 1967.

Kipling, Rudyard: *Complete Verse*, New York 1989.

Kirchmann, Kay: *Verdichtung, Weltverlust und Zeitdruck. Grundzüge einer Theorie der Interdependenzen von Medien, Zeit und Geschwindigkeit im neuzeitlichen Zivilisationsprozess*, Opladen, 1998.

Kittler, Friedrich: *Grammophon Film Typewriter*, Berlin 1986.

Knies, Karl: *Der Telegraph als Verkehrsmittel*, Leipzig 1857.

Krämer, Sybille: *Medium, Bote, Übertragung. Kleine Metaphysik der Medialität*, Frankfurt/Main 2008.

Latour, Bruno: *Wir sind nie modern gewesen. Versuche einer symmetrischen Anthropologie*, Frankfurt/Main 2008.

Lertes, Peter: *Die drahtlose Telegraphie und Telephonie,* (Naturwissenschaftliche Reihe Bd. IV), Dresden, Leipzig 1922.

Maresch, Rudolf/Werber, Niels (Hg.): *Raum – Wissen – Macht*, Frankfurt/Main 2002.

Marx, Karl: »Lohn, Preis, Profit«. In: Ders.: *Werke*, Band 16, Berlin 1956, S. 103–152.

Marx, Karl/Engels, Friedrich: »Manifest der Kommunistischen Partei«. In: Karl Marx: *Werke*, Band 4, Berlin, 1956, S. 459–493.

May, Stacy/Plaza, Galo: *The United Fruit in Latin America*. New York 1958.

Mazzotto, Domenico: *Drahtlose Telegraphie und Telephonie*, München, Berlin 1906.

McCreery, David: »Wireless Empire: The United States and

Radio Communications in Central America and the Carribbean, 1904–1926«. In: *Southeast Latin Americanist* 37.1 (Sommer 1993), S. 23–41.
McLuhan, Marshall: *Understanding Media. The Extensions of Man,* New York 1964.
McLuhan, Marshall/Nevitt, Barrington: »The Argument. Causality in the Electric World«. In: *Technology and Culture* 14 (1973), S. 1–18.
Morse, Samuel: *Modern Telegraphy. Some Errors of Dates and Events and of Statement in the History of Telegraphy*, Paris 1867.
–: *His Letters and Journals*, Charleston 2007.
Morus, Iwan R.: »›The Nervous System of Britian‹. Space, Time and the Electric Telegraph in the Victorian Age«. In: *British Journal for the History of Science* 33 (2000), S. 455–475.
Muir, Henry: »The Telegraph Systems of the World. Their rapid growth, their wide extent, their close cooperation«. In: *McClure's Magazine* 5,2 (Juli 1895), S. 99–112.
Nahin, Paul J.: *Oliver Heaviside: Sage in Solitude. The Life, Work, and Times of an Electrical Genius of the Victorian Age*, New York 1988.
Oberliesen, Rolf: *Information, Daten und Signale. Geschichte technischer Informationsverarbeitung*, Reinbek 1982.
Orozco, Constance: *The United Fruit Company in Central America. A Bargaining Power Analysis*, Austin, Texas 1991 (Texas papers on Latin America Nr. 91–07).
Otis, Laura: *Networking. Communicating with bodies and machines in the nineteenth century*, Ann Arbor 2001.
Partheil, Gustav: *Die drahtlose Telegraphie und Telephonie nach Geschichte, Wesen und Bedeutung für Militär und Marine, Verkehr und Schule gemeinverständlich dargestellt*, Berlin 1907.
Peters, John Durham: *Speaking into the Air. A history of the idea of communication*, Chicago 2000.

Rheinberger, Hans-Jörg: *Historische Epistemologie zur Einführung*, Hamburg 2007.
Riemann, Bernhard: *Über die Hypothesen, welche der Geometrie zugrunde liegen*, Göttingen 1854/1867, Reprint Darmstadt 1959.
van Rensselaer, Cortlandt: *Signals from the Atlantic Cable*, Philadelphia 1858.
Sarasin, Philipp: »Diskurstheorie und Geschichtswissenschaft«. In: Reiner Keller (Hg.): *Handbuch Diskursanalyse*, Berlin 2000.
Schäffner, Wolfgang: »Topologie der Medien. Descartes, Peirce, Shannon«. In: Andriopoulos, Stefan/Schabacher, Gabriele/Schumacher, Eckhard (Hg.): *Die Adresse des Mediums*, Köln 2001, S. 82–95.
Schaffer, Simon: »Experimenters' Techniques, Dyers' Hands, and the Electric Planetarium«. In: *Isis* 88 (1997), S. 456–483.
Schrage, Dominik: »›Anonymus Publikum‹. Massenkonstruktion und die Politiken des Radios«. In: Daniel Gethmann/Markus Stauff: *Politiken der Medien*, Zürich, Berlin 2005, S. 173–194.
Schröter, Jens: »Übertragung und Explosion. Telegraphie/Telephonie/Transport«. In: Jens Schröter/Gregor Schwering/Urs Stäheli (Hg.): *Media Marx. Ein Handbuch*, Bielefeld, 2006. S. 203–216.
Schwoch, James: *The American Radio Industry and Its Latin American Activities, 1900–1939*, Urbana, Chicago 1990.
Sconce, Jeffrey: *Haunted Media. Electronic Presence from Telegraphy to Television*, Durham, NC 2005.
Sensen, Stephan: »Zur Geschichte des Drahtziehens in Deutschland«. In: Martina Düttmann/Stephan Sensen (Hg.): *Draht. Vom Kettenhemd zum Supraleiter*, Iserlohn 2001, S. 63–92.
Serres, Michel: *Der Parasit*, Frankfurt/Main 1987.
Spitzer, Leo: »Milieu and Ambiance«. In: Ders.: *Essays in historical Semantics*, New York 1948, S. 179–225

Sprenger, Florian: *Medien des Immediaten. Elektrizität, Telegraphie, McLuhan*, Berlin 2012.
Standage, Tom: *The Victorian Internet*, New York 1998.
Steinheil, Carl A. von: *Ueber Telegraphie, insbesonders durch galvanische Kräfte*, München 1838.
Sterling, Christopher H./Kittross, John M.: *Stay Tuned. A Concise History of American Broadcasting*, Belmont 1978.
Stichweh, Rudolf: *Zur Entstehung des modernen Systems wissenschaftlicher Disziplinen. Physik in Deutschland 1740–1890*, Frankfurt/Main 1984.
Virilio, Paul: *Rasender Stillstand*, München, 1992.
Vogl, Joseph: »Medien-Werden. Galileis Fernrohr«. In: Lorenz Engell/Joseph Vogl (Hg.): *Mediale Historiographien*, Weimar 2001, S. 115–124.
Volmar, Axel: *Zeitkritische Medien*, Berlin 2009.
Watson, William: »A Continuation of a Paper concerning Electricity«. In: *Philosophical Transactions of the Royal Society of London* 44 (1746), S. 695–749.
Wheler, Granvile: »Some Electrical Experiments, chiefly regarding the Repulsive Force of Electrical Bodies«. In: *Philosophical Transactions of the Royal Society of London* 41 (1739), S. 98–125.
Wilson, Charles Morrow: *Empire in Green and Gold. The Story of the American Banana Trade*, New York 1947.
Winkler, Johann Heinrich: *Grundriss zu einer ausführlichen Abhandlung von der Electricität*, Leipzig 1750.
Winseck, Dwayne R./Pike, Robert M.: *Communication and empire. Media, markets, and globalization, 1860–1930*, Durham 2007.
Yeang, Chen-Pang: »Scientific Fact or Engineering Specification? The U.S. Navy's Experiments on Wireless Telegraphy circa 1910«. In: *Technology and Culture* 45,1 (Januar 2004), S. 1–29.
Zielinski, Siegfried: *Archäologie der Medien. Zur Tiefenzeit des technischen Hörens und Sehens*, Reinbek 2002.